高职高专“十三五”规划教材

土的特性测试

试验教程

刘飞　主编

化学工业出版社

·北京·

本书根据高职高专建筑工程技术专业和道路桥梁工程技术专业实践教学的要求，以现行规范为依据编写而成。全书共两个项目十三个任务，主要介绍了土工试验准备、土的天然密度测试试验、土粒相对密度测试试验、颗粒分析试验、土的含水率测试试验、土的渗透系数测试试验、土的界限含水率测试试验、土的击实特性测试试验、土的压缩特性测试试验、软土剪切特性测试试验、土的地基承载力测试试验、土的不排水抗剪强度测试试验以及其他原位测试试验等。全书图文并茂，可操作性强，便于学习。本书为《地基与基础》（第二版）（刘国华主编）的配套教程。

本书为高职高专建筑工程技术专业、道路桥梁工程技术专业等相关专业的教材，也可作为成人教育土建施工类专业的教材，还可作为建筑工程技术专业相关领域工程人员的参考用书。

图书在版编目（CIP）数据

土的特性测试试验教程/刘飞主编. —北京：化学工业出版社，2017.9

高职高专“十三五”规划教材

ISBN 978-7-122-30107-9

Ⅰ. ①土…　Ⅱ. ①刘…　Ⅲ. ①土工试验-高等职业教育-教材　Ⅳ. ①TU41

中国版本图书馆CIP数据核字（2017）第156188号

责任编辑：李仙华　　文字编辑：汲永臻

责任校对：王素芹　　装帧设计：王晓宇

出版发行：化学工业出版社（北京市东城区青年湖南街13号　邮政编码100011）

印　　装：三河市延风印装有限公司

787mm×1092mm　1/16　印张6½　字数153千字　2017年11月北京第1版第1次印刷

购书咨询：010-64518888（传真：010-64519686）　售后服务：010-64518899

网　　址：http://www.cip.com.cn

凡购买本书，如有缺损质量问题，本社销售中心负责调换。

定　　价：26.00元

前言

土的特性是指土体的物理性质、力学性质和水理性质。物理性质包括土的颗粒成分、密度、含水率、容重、相对密度等；力学性质包括土的压缩性、抗剪强度、击实性等；水理性质包括土的渗透性等。

土作为建筑地基，其特性直接影响地基承载力的大小。如何得到精确可靠的土体性质指标成为岩土工程研究的重点之一。本书针对测定土体的物理性质、力学性质和水理性质进行讲述。

土的特性测试试验分为室内土工试验和原位测试试验（现场勘察测试）两类：

（1）室内土工试验（简称土工试验）分常规试验和专门试验。常规试验包括物理性质指标测定试验（如颗粒分析试验、液限试验和塑限试验、含水量、容重、相对密度试验等）和力学性质指标测定试验（如压缩试验、抗剪强度试验等）。专门试验包括渗透试验、固结系数、前期固结压力、灵敏度、烧灼失重等指标的试验。

（2）当地基土壤不易采取试样和不宜做室内试验时，则进行原位测试试验。原位测试试验包括十字板剪切试验、荷载试验、旁压试验、动弹性模量试验以及抽水试验、压水试验、注水试验等。间接测试法有静力触探试验、动力触探试验、标准贯入试验、同位素测定密度和含水量试验等。

本书根据全国高等职业教育研究会制定的课程教学大纲进行编写。按照土的特性认知规律，以"项目教学、任务驱动"为出发点，将课程内容安排成室内土工试验和原位测试试验两个项目。项目一主要讲述室内土工试验，内容包括：土工试验准备、土的天然密度测试试验、土粒相对密度测试试验、颗粒分析试验、土的含水率测试试验、土的渗透系数测试试验、土的界限含水率测试试验、土的击实特性测试试验、土的压缩特性测试（杠杆法）试验以及软土剪切特性测试试验；项目二主要讲述软土原位测试，内容包括：土的地基承载力测试（平板静力载荷试验）、土的不排水抗剪强度测试（十字板剪切试验）以及其他原位测试试验。

本书是配合建筑工程技术、道路桥梁工程技术、隧道工程技术等专业进行土工试验和原位测试教学而编写的实验用书。书中重点强调指导性和实用性，力求详细、易懂，每个试验和测试内容均有详尽的试验原理、操作步骤、数据处理等全过程，便于学生研读和开展土工试验与原位测试。本书为《地基与基础》（第二版）（刘国华主编）的配套教程。

本书编写人员及编写分工如下：项目一中任务一至任务四和任务十以及项目二中任务一、任务二由无锡城市职业技术学院刘飞编写；项目一中任务五至任务九由无锡城市职业技术学院陈俊松编写；项目二中任务三由江苏鑫源岩土勘察工程有限公司林国和工程师编写。本书由刘飞担任主编，并负责全书的统稿工作，陈俊松、林国和、刘国华担任副主编。

本书编者水平有限，不妥之处在所难免，恳请各位读者、专家批评指正。

编者
2017年3月

目录

项目一　室内土工试验

项目二　软土原位测试

参考文献

项目一 室内土工试验

土工试验包括两种方式，即室内土工试验和原位测试试验，前者是对采取的土样进行特性测试，后者是在现场自然条件下直接进行土体性质测试。

土工室内试验是测定采取后，土的物理、力学、化学和其他工程性质（见土的工程性质），供岩土工程设计和施工控制使用。

根据试验方法的不同，往往得到不同的性质指标。因此，采取何种试验方法必须根据实际的工程情况、土的受力条件以及土的性质确定，否则会由于试验方法不当而加大试验误差。试验结果经常会由于试样数量不足、取土过程中的扰动、试验人员的技术水平等情况，使得试验结果与工程实际有一定误差。因此，为得到可靠的测试数据，应正确掌握土工试验各个测试的基本原理、方法和技能。测试项目见表1-1。

表1-1　室内土工试验测试项目

试验类别	特性分类	测试项目	指标
室内试验	物理特性	天然密度测试	土的密度 ρ(g/cm^3)
		土粒相对密度测试	土粒相对密度 G_s
		颗粒分析试验	有效粒径 d_{10}(mm) 不均匀系数 C_u 曲率系数 C_c
		含水率测试	天然含水率 w(%)
		渗透系数测试	k(cm/s)
		界限含水率测试	液限 w_L(%) 塑限 w_p(%)
	力学特性	击实特性测试	最大干密度 ρ_{dmax}(g/cm^3) 最优含水率 ω_{op}(%)
		压缩特性测试	压缩系数 a_v(MPa) 压缩指数 C_c
		直接剪切法	黏聚力 c(kPa) 内摩擦角 φ(°)
		三轴剪切法	c_{uu}，c_{cu}，c_{cd} φ_{uu}，φ_{cu}，φ_{cd}
		无侧限抗压强度测试试验	无侧限抗压强度 q_u(kPa) 灵敏度 S_t

任务一 土工试验准备

知识目标

通过工学任务的学习，掌握原状土和扰动土的基本概念；了解饱和土样的目的和方法；了解不同颗粒粒径土样的饱和原理。

能力目标

通过工学任务的学习和训练，掌握土工试验开展的最基础工作；熟悉土样制备和土样饱和；掌握原状土样和扰动土样的制备方法；掌握不同粒径土样的饱和方法。

一、土样制备

土样制备是试验工作的重要质量要素，为保证结果的可靠性，必须采用正确的方法进行土样制备。

土样制备包括制备原状土样和扰动土样。原状土样在制备时要尽量使土样少扰动；扰动土样制备一般包括土样的风干、碾碎、过筛、均土、分样等过程。

本试验方法适用于颗粒粒径小于 60mm 的原状土和扰动土。

根据力学性质试验项目要求，原状土样同一组试样间密度的允许差值为 0.03g/cm^3；扰动土样同一组试样的密度与要求的密度之差不得大于±0.01g/cm^3，一组试样的含水率与要求的含水率之差不得大于±1%。

（一）主要仪器设备

（1）细筛：孔径 0.5mm、2mm。

（2）洗筛：孔径 0.075mm。

（3）台秤和天平：称量 10kg，最小分度值 5g；称量 5000g，最小分度值 1g；称量 1000g，最小分度值 0.5g；称量 500g，最小分度值 0.1g；称量 200g，最小分度值 0.01g。

（4）环刀：由不锈钢材料制成，通常包括三种尺寸：内径 61.8mm，高 20mm；内径 61.8mm，高 40mm；内径 79.8mm，高 20mm。

（5）击样器：如图 1-1 所示。

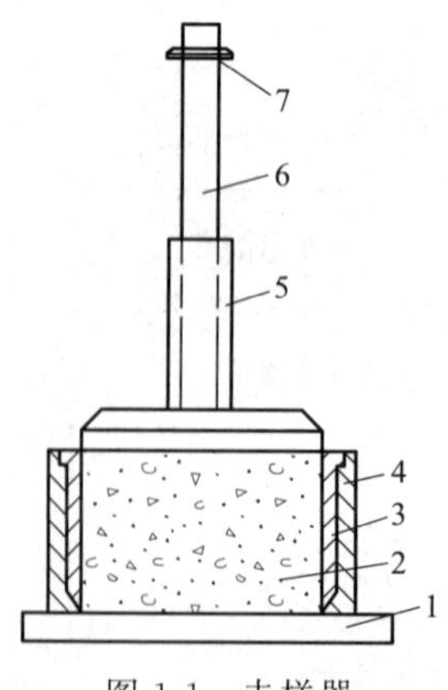

图 1-1 击样器

1—底座；2—试样；3—环刀；4—土样筒；5—击锤；6—导杆；7—定位环

（6）压样器：如图 1-2 所示。

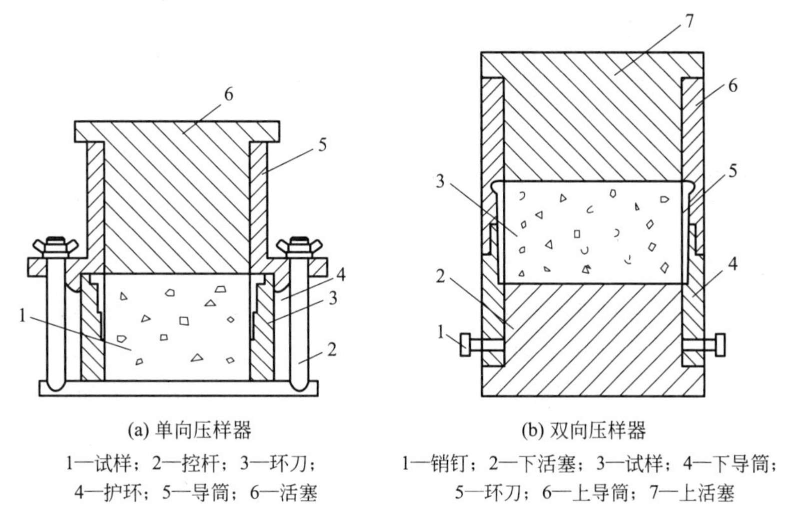

(a) 单向压样器

1—试样；2—控杆；3—环刀；4—护环；5—导筒；6—活塞

(b) 双向压样器

1—销钉；2—下活塞；3—试样；4—下导筒；5—环刀；6—上导筒；7—上活塞

图 1-2　压样器

（7）抽气设备：真空表、真空缸等。

（8）其他：钢丝锯、切土刀、烘箱、喷水设备等。

（二）原状土样制备步骤

（1）按照取样方向放置土样筒，剥去蜡封或密封带，取出土样。检查土样结构是否受到扰动。

（2）根据试验要求用环刀切取试样。切土前，应在环刀内壁涂一薄层凡士林，将刃口向下放于土样上，垂直下压环刀，并用切土刀沿环刀外侧切削土样，边压边削至土样高出环刀，可采用钢丝锯或切土刀整平环刀两端土样，擦净环刀外壁，称量环刀和土的总质量。

（3）从剩余土中取代表性试样，测定试样的含水率。

（4）切削试样时，可同时对土样的结构、气味、颜色、夹杂物等进行描述，制备低塑性和高灵敏度的软土时，要注意不得扰动土样结构。

（三）扰动土样制备步骤

（1）根据试验需求，将碾散的风干土样通过孔径 2mm 或 5mm 的筛，取筛下足够试验用土样，充分搅拌，测定风干含水率，装入保湿缸或塑料袋内备用。

（2）根据试验所需的土量与含水率，制备试样所需的加水量应按下式计算：

$$m_w=\frac{m_0}{1+0.01w_0}\times 0.01(w_1-w_0) \tag{1-1}$$

式中　m_w——制备试样所需要的加水量，g；

m_0——湿土（或风干土）的质量，g；

w_0——湿土（或风干土）的含水率，%；

w_1——制样要求的含水率，%。

（3）称取过筛的风干土样平铺于试验盘内，将水均匀喷洒于土样上，充分拌匀后装入盛土容器内盖紧。

（4）24h后，测定润湿土样不同位置处的含水率，不应少于两点，含水率差值不超过±1%。

（5）根据环刀容积及试样的干密度，制样所需的湿土量应按下式计算：

$$m_0=(1+0.01w_0)\rho_d V \tag{1-2}$$

式中 ρ_d——试样的干密度，g/cm^3；

V——试样的体积，cm^3。

（6）扰动土制样可采用击样法和压样法。

① 击样法：根据环刀容积和要求的干密度，将所需质量的湿土倒入装有环刀的击样器内，击实到所需密度。

② 压样法：根据环刀容积和要求的干密度，将所需质量的湿土倒入装有环刀的压样器内，以静压力通过活塞将土样压紧到所需密度。

（7）取出带有试样的环刀，称环刀和试样的总质量，对于不需要饱和且不立即进行试验的试样，应存放在保湿器内备用。

（四）试验记录表格（表1-2、表1-3）

表1-2 原状土样记录

工程名称＿＿＿＿＿　　　　　　　　工程编号＿＿＿＿＿

试验时间＿＿＿＿＿　试验班级＿＿＿＿＿　试验组成员＿＿＿＿＿

土样编号	取样深度/m	包装完好与否	颜色	气味	土样状态	备注

表1-3 扰动土样制备记录

工程名称＿＿＿＿＿　　　　　　　　工程编号＿＿＿＿＿

试验时间＿＿＿＿＿　试验班级＿＿＿＿＿　试验组成员＿＿＿＿＿

土样编号	制备标准		扰动土制备			
	干密度 ρ_d /(g/cm^3)	含水率 w_1/%	体积 V /cm^3	含水率 w_0 /%	湿土质量 m_0 /g	增加的水量 m_w /g

二、土样饱和

一般对于粗粒土采用浸水饱和法；对渗透系数大于10^{-4}cm/s的细粒土，采用毛细管饱和法；对渗透系数小于或等于10^{-4}cm/s的细粒土，采用抽气饱和法。

（一）毛细管饱和法

采用毛细管饱和法进行土样饱和步骤如下：

（1）将试样放入框式饱和器（图 1-3）中，并在试样上、下面各放一张滤纸和透水板，旋紧螺母。

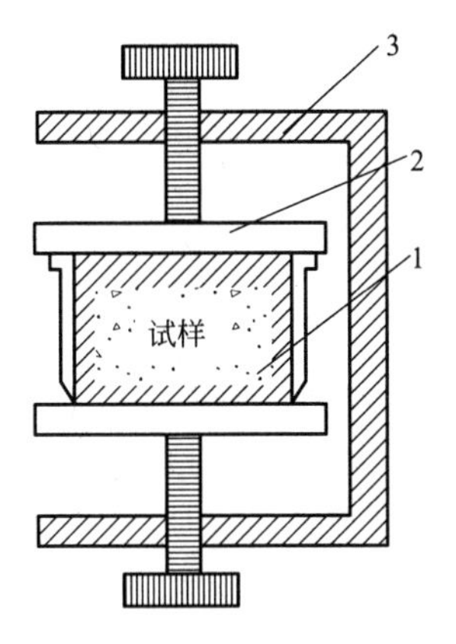

图 1-3　框式饱和器

1—环刀；2—透水板；3—框架

（2）将饱和器放入水箱注入清水，水面不宜将试样淹没，关闭箱盖，浸水时间不得少于 48h，使试样充分饱和。

（3）取出饱和器，松开螺母，取出环刀，擦干外壁，称环刀和试样的总质量，计算试样的饱和度，若饱和度小于 95%，应继续饱和。

试样的饱和度按式(1-3) 计算

$$S_r=\frac{(\rho_r-\rho_d)G_s}{\rho_d e} \tag{1-3}$$

或

$$S_r=\frac{w_r G_s}{e} \tag{1-4}$$

式中　S_r——试样的饱和度，%；

w_r——试样饱和后的含水率，%；

ρ_r——试样饱和后的密度，g/cm^3；

ρ_d——试样的干密度，g/cm^3；

G_s——土粒相对密度；

e——试样的孔隙比。

（二）抽气饱和法

抽气饱和法应按下列步骤进行：

（1）选用框式饱和器（图 1-3）、重叠式饱和器（图 1-4）或真空饱和装置（图 1-5）进行抽气饱和。在重叠式饱和器夹板的正中，依次放置透水板、滤纸、带试样的环刀、滤纸、透水板的顺序重复，从下向上重叠到拉杆高度，盖上夹板，拧紧螺母，将各个环刀在上、下夹板间夹紧。

（2）将装有试样的饱和器放入真空缸内，在真空缸和盖之间涂一薄层凡士林并盖紧。接通真空缸与抽气机，开始抽气。当真空压力表读数值接近当地一个大气压力值时（抽气时间超过 1h），微开管夹，向真空缸中慢慢注入清水，并保持真空压力表读数保持不变。

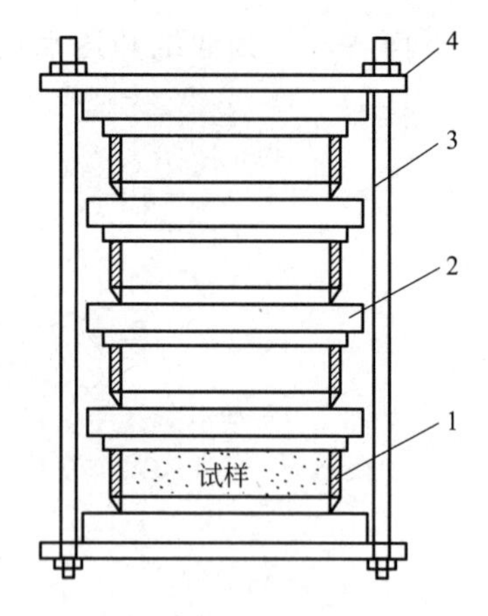

图 1-4 重叠式饱和器
1—环刀；2—透水板；
3—拉杆；4—夹板

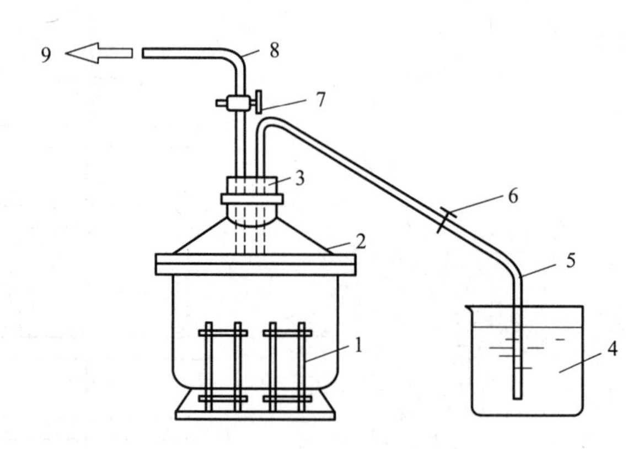

图 1-5 真空饱和装置
1—饱和器；2—真空缸；3—橡皮塞；4—盛水器；5—引水管；
6—管夹；7—二通阀；8—排气管；9—接抽气机

(3) 当水淹没饱和器后停止抽气，打开管夹，让空气进入真空缸并静置一段时间（细粒土一般为 10h），使试样充分饱和。

(4) 打开真空缸，取出带环刀的试样，称环刀和试样的总质量，计算饱和度。当饱和度低于 95%时，应重复抽气饱和步骤。

任务二　土的天然密度测试试验

知识目标

通过工学任务的学习，掌握环刀法、蜡封法和灌砂法的试验原理和适用范围。

能力目标

通过工学任务的学习和训练，掌握环刀、切土刀、钢丝锯的使用方法；熟悉蜡封设备的操作方法和密度测定器的使用方法及组成部分。

一、环刀法

（一）试验原理

土的天然密度 ρ 是指土的单位体积质量，是土的基本物理性质指标之一，其单位为 g/cm^3。环刀法是采用一定体积环刀切取土样并称量土样质量的方法，环刀内土的质量与体积之比即为土的密度。

密度试验方法有环刀法、蜡封法、灌水法和灌砂法。对于细粒土，宜采用环刀法；对于易碎裂、难以切削的土，可用蜡封法；对于现场粗粒土，可用灌水法或灌砂法。

（二）试验仪器设备

(1) 环刀：内径 6～8cm，高 2～3cm。

(2) 天平：称量 500g，分度值 0.01g。

(3) 其他：切土刀、钢丝锯、凡士林等。

（三）试验步骤

（1）测量环刀质量：取出环刀，称环刀的质量，并涂一薄层凡士林。

（2）切取土样：将环刀的刃口向下放在土样上，然后用切土刀将土样削成略大于环刀直径的土柱，将环刀垂直下压，边压边削使土样上端伸出环刀为止，然后将环刀两端的余土削平。

（3）称量土样质量：擦净环刀外壁，称环刀和土的质量。

（四）试验成果整理

按下式计算土的湿密度：

$$\rho=\frac{m}{V}=\frac{m_1-m_2}{V} \tag{1-5}$$

式中　ρ——密度，计算至 $0.01\mathrm{g/cm^3}$；

m——湿土质量，g；

m_1——环刀加湿土质量，g；

m_2——环刀质量，g；

V——环刀体积，$\mathrm{cm^3}$。

密度试验需进行两次平行测定，其平行差值不得大于 $0.03\mathrm{g/cm^3}$，取其算术平均值。

（五）试验注意事项

（1）称量环刀前，把土样削平并擦净环刀外壁；

（2）如果使用电子天平称重则必须预热，称重时精确至小数点后两位。

（六）试验记录表格（表1-4）

表1-4　环刀法密度试验记录

工程名称＿＿＿＿＿　　　　　　　　　　　工程编号＿＿＿＿＿

试验时间＿＿＿＿＿　　试验班级＿＿＿＿＿　　试验组成员＿＿＿＿＿

土样编号	土样深度/m	环刀号	环刀＋湿土质量 m_1/g	环刀质量 m_2/g	湿土质量 m/g	环刀体积 $V/\mathrm{cm^3}$	密度/($\mathrm{g/cm^3}$)	
							单值	平均值
			(1)	(2)	(1)－(2)	(3)	$\frac{(1)-(2)}{(3)}$	

二、蜡封法

（一）试验原理

蜡封法是根据阿基米德原理，即物体在水中受到的浮力等于排开同体积水的质量，测出土的体积，从而确定土的密度。

蜡封法适用于易破裂的土和形状不规则的坚硬土。

（二）试验仪器设备

（1）蜡封设备：应附熔蜡加热器。

（2）天平：应符合环刀法天平的规定。

（3）其他：切土刀、钢丝锯、烧杯等。

（三）试验步骤

（1）从原状土样中，切取体积不小于 $30cm^3$ 的代表性试样，清除表面浮土及尖锐棱角，系上细线，称试样质量，精确至0.01g。

（2）持线将试样缓缓浸入刚过熔点的蜡液中，浸没后立即提出，检查试样周围的蜡膜，当有气泡时应用针刺破，再用蜡液补平，冷却后称蜡封试样质量。

（3）将蜡封试样挂在天平的一端，浸没于盛有纯水的烧杯中，称蜡封试样在纯水中的质量，并测定纯水的温度。

（4）取出试样，擦干蜡面上的水分，再称蜡封试样质量，当浸水后试样质量增加时，应另取试样重做试验。

（四）试验成果整理

试样的密度，应按下式计算：

$$\rho=\frac{m}{\dfrac{m_n-m_{nw}}{\rho_{wt}}-\dfrac{m_n-m}{\rho_n}} \tag{1-6}$$

式中 m——试样质量，g；

m_n——蜡封试样质量，g；

m_{nw}——蜡封试样在纯水中的质量，g；

ρ_{wt}——纯水在 T℃时的密度，g/cm^3；

ρ_n——蜡的密度，g/cm^3；

ρ——试样的密度，g/cm^3。

试样的干密度，应按下式计算：

$$\rho_d=\frac{\rho}{1+0.01w} \tag{1-7}$$

式中 w——土的天然含水率，%。

（五）试验注意事项

（1）试验前，为了防止土体进水，应在土样外涂一层蜡。

（2）本试验进行两次平行测定，两次测定的差值不得大于 $0.03g/cm^3$，取两次测值的平均值。

（六）试验记录表格（表1-5）

表1-5 蜡封法密度试验记录

工程名称＿＿＿＿＿　　工程编号＿＿＿＿＿

试验时间＿＿＿＿＿　试验班级＿＿＿＿＿　试验组成员＿＿＿＿＿

土样编号	土样深度/m	试样质量/g	蜡封试样质量/g	蜡封试样水中质量/g	温度T/℃	纯水在T(℃)时的密度/(g/cm³)	蜡的密度/(g/cm³)	湿密度/(g/cm³)	含水率/%	干密度/(g/cm³)
		(1)	(2)	(3)		(4)	(5)	$(6)=\dfrac{(1)}{\dfrac{(2)-(3)}{(4)}-\dfrac{(2)-(1)}{(5)}}$	(7)	$\rho=\dfrac{(6)}{1+0.01(7)}$

三、灌砂法

（一）试验原理

灌砂法是在现场挖坑后灌砂，由标准砂的质量和密度来测量试坑体积，从而测定土的密度的方法。灌砂法适用于现场测定粗粒土的密度。

（二）试验仪器设备

（1）密度测定器：由容砂瓶、灌砂漏斗和底座组成（图1-6）。灌砂漏斗高135mm，直径165mm，尾部有孔径为13mm的圆柱形阀门；容砂瓶的容积为4L，容砂瓶和灌砂漏斗之

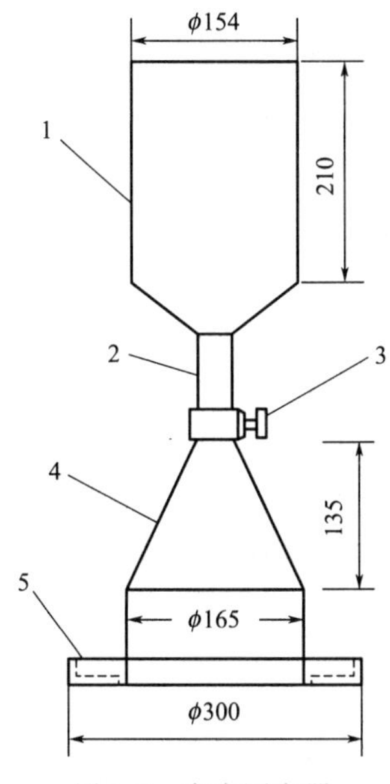

图1-6 密度测定器

1—容砂瓶；2—螺纹接头；3—阀门；4—灌砂漏斗；5—底座

间用螺纹接头连接。底座承托灌砂漏斗和容砂瓶。

（2）天平：称量10kg，最小分度值5g；称量500g，最小分度值0.1g。

（3）其他：铁镐、铁铲、水准尺等。

（三）试验步骤

（1）清洗标准砂，试验砂粒一般选用0.25～0.5mm，密度一般选用1.47～1.61g/cm³。

（2）组装试验装置，并将螺纹连接处旋紧，称其质量。

（3）将密度测定器垂直放置，灌砂漏斗口向上，关闭阀门，向灌砂漏斗中注满标准砂；打开阀门，使灌砂漏斗内的标准砂流入容砂瓶内，继续向漏斗内注砂漏入瓶内，当砂停止流动时，关闭阀门，倒掉漏斗内多余的砂，称容砂瓶、灌砂漏斗和标准砂的总质量，精确至5g。

（4）将容砂瓶内的标准砂倒出，通过漏斗向容砂瓶内注入水至水面高出阀门，关阀门，倒掉漏斗中多余的水，称容砂瓶、漏斗和水的总重量，精确到5g，并测定水温，精确到0.5℃。重复测定3次，3次测值之间的差值不得大于3mL，取3次测值的平均值。

（5）选定试坑位置，确定试坑直径，将试坑内的试样盛入容器中，称其质量，精确至10g，测定其含水率。

（6）通过灌砂漏斗向容砂瓶内注满标准砂，称容砂瓶、灌砂漏斗和标准砂的总质量，精确至10g。

（7）将密度测定器的容砂瓶向上、漏斗向下倒置于挖好的试坑口上，然后打开阀门，向坑中灌砂。当砂注满试坑时，关闭阀门。测定容砂瓶、灌砂漏斗和标准砂的总质量，精确至10g，计算注满试坑所用的标准砂质量。

（四）试验成果整理

（1）容砂瓶的容积，应按下式计算：

$$V_r=(m_{r1}-m_{r2})/\rho_{wt} \tag{1-8}$$

式中 V_r——容砂瓶容积，mL；

m_{r1}——容砂瓶、漏斗和水的总质量，g；

m_{r2}——容砂瓶和漏斗的质量，g；

ρ_{wt}——不同温度水的密度，g/cm³，查表1-6。

表1-6 不同温度下水的密度

温度/℃	水的密度/(g/cm³)	温度/℃	水的密度/(g/cm³)	温度/℃	水的密度/(g/cm³)
4.0	1.0000	15.0	0.9991	26.0	0.9968
5.0	1.0000	16.0	0.9989	27.0	0.9956
6.0	0.9999	17.0	0.9988	28.0	0.9962
7.0	0.9999	18.0	0.9986	29.0	0.9959
8.0	0.9999	19.0	0.9984	30.0	0.9957
9.0	0.9998	20.0	0.9982	31.0	0.9953
10.0	0.9997	21.0	0.9980	32.0	0.9950
11.0	0.9996	22.0	0.9978	33.0	0.9947
12.0	0.9995	23.0	0.9957	34.0	0.9944
13.0	0.9994	24.0	0.9973	35.0	0.9940
14.0	0.9992	25.0	0.9970	36.0	0.9937

（2）标准砂的密度，应按下式计算：

$$\rho_s=\frac{m_{r3}-m_{r2}}{V_r} \tag{1-9}$$

式中　ρ_s——标准砂的密度，g/cm^3；

m_{r3}——容砂瓶、漏斗和标准砂的质量，g。

（3）试样的密度 ρ，应按下式计算：

$$\rho=\frac{m_p\rho_s}{m_s} \tag{1-10}$$

式中　m_s——注满试坑所有标准砂的质量，g；

m_p——试坑内取出的全部试样的质量，g。

（4）试样的干密度应按下式计算，精确至 $0.01g/cm^3$。

$$\rho_d=\frac{\frac{m_p}{1+0.01w}}{\frac{m_s}{\rho_s}} \tag{1-11}$$

式中　w——试样的天然含水率，%。

（五）试验注意事项

（1）选用的标准砂应在空气中放置足够长时间，以使其与空气的湿度达到平衡。

（2）试坑应设置在地面平整，无浮土、石块、坑洼地段。

（六）试验记录表格（表 1-7）

表 1-7　灌砂法测定土密度试验记录

工程名称＿＿＿＿＿＿　　　　　　　　工程编号＿＿＿＿＿＿

试验时间＿＿＿＿＿＿　试验班级＿＿＿＿＿＿　试验组成员＿＿＿＿＿＿

试样编号	土样深度/m	量砂容器＋原有砂质量/g	量砂容器＋剩余砂质量/g	试坑用砂质量/g	砂的密度/(g/cm^3)	试坑体积/cm^3	试样＋容器质量/g	容器质量/g	试样质量/g	试样密度/(g/cm^3)	试样含水率/%	试样干密度/(g/cm^3)
		(1)	(2)	(3)＝(1)－(2)	(4)	(5)	(6)	(7)	(6)－(7)	$\frac{(6)-(7)}{\frac{(3)}{(4)}}$	(8)	$\frac{\frac{(6)-(7)}{1+0.01(8)}}{\frac{(3)}{(4)}}$

任务三　土粒相对密度测试试验

知识目标

通过工学任务的学习，掌握比重瓶法和虹吸筒法进行土粒相对密度测试的基本原理；了解两种容积比重瓶的选择原则；了解虹吸筒装置的组成及使用方法。

能力目标

通过工学任务的学习和训练，掌握比重瓶的使用方法；熟悉恒温水槽、砂浴等设备的使用方法；掌握试验土样的制备方法。

一、比重瓶法

（一）试验原理

比重瓶法是通过将称量好的干土放入盛满水的比重瓶中，根据比重瓶前后质量的差异，测量出土样的体积，进而计算出土粒的相对密度。

比重瓶法适用于粒径小于 5mm 的各类土。

（二）试验仪器设备

（1）比重瓶：容积 100mL 或 50mL，分长颈和短颈两种。

（2）恒温水槽：精确度应为±1℃。

（3）砂浴：应能调节温度。

（4）天平：称量 200g，最小分度值 0.001g。

（5）温度计：刻度为 0～50℃，最小分度值为 0.5℃。

（三）试验步骤

（1）比重瓶的校准步骤

① 将比重瓶洗净、烘干，置于干燥器内，冷却后称量，精确至 0.001g。

② 将纯水注入比重瓶中。其中，长颈比重瓶注水至刻度处；短颈比重瓶应注满纯水，塞紧瓶塞，放入恒温水槽中；待瓶内水温稳定后取出比重瓶，擦干外壁，称瓶加水的总质量，精确至 0.001g。测定恒温水槽内的水温，精确至 0.5℃。

③ 调节几个恒温水槽内的温度，温度差宜为 5℃，测定不同温度下瓶加水的总质量。每个温度取两次测定的平均值，且两次测定的差值不得大于 0.002g，绘制温度-瓶加水总质量的关系曲线，见图 1-7。

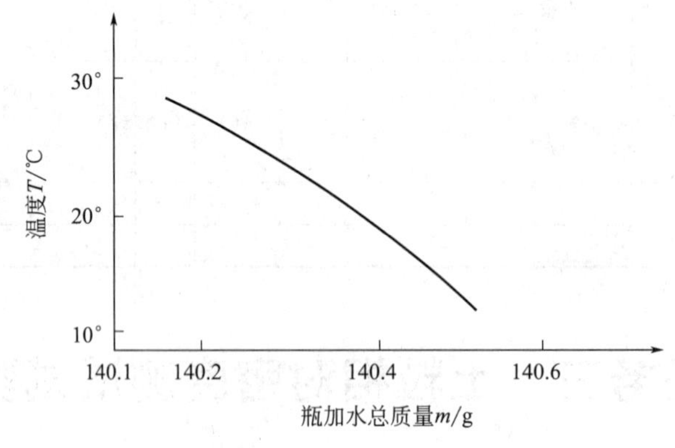

图 1-7 温度-瓶加水总质量关系曲线

（2）比重瓶法土粒相对密度试验步骤

① 烘干比重瓶。称烘干试样 15g（当用 50mL 的比重瓶时，称烘干试样 10g）装入比重瓶，称试样和瓶的总质量，精确至 0.001g。

② 向比重瓶内注入半瓶纯水，摇动比重瓶，并放在砂浴上煮沸，沸腾时间砂土不应少于 30min，黏土、粉土不应少于 1h。对于砂土一般采用真空抽气法；对于含可溶盐、有机

质和亲水性胶体的土必须采用中性液体（煤油）代替纯水，采用真空抽气法抽气，真空表读数宜接近当地一个大气负压值，抽气时间不得少于 1h。

注：用中性液体，不能用煮沸法。

③ 将煮沸经冷却的纯水（或抽气后的中性液体）注入装有试样悬液的比重瓶。当用长颈比重瓶时注纯水至刻度处；当用短颈比重瓶时应将纯水注满，塞紧瓶塞，多余的水分自瓶塞毛细管中溢出。将比重瓶置于恒温水槽内至温度稳定，待瓶内上部悬液澄清后取出，擦干瓶身，称比重瓶、水和试样总质量，精确至 0.001g；并测定瓶内水温，精确至 0.5℃。

④ 从图 1-7 中查得各试验温度下的瓶、水总质量。

（四）试验成果整理

$$G_s=\frac{m_d}{m_d+m_1-m_2}G_t \tag{1-12}$$

式中 G_s——土粒相对密度；

m_d——干土质量，g；

m_1——比重瓶、水总质量，g；

m_2——比重瓶、水、试样总质量，g；

G_t——T℃时纯水或中性液体的相对密度。

水的相对密度可查物理手册；中性液体的相对密度应实测，称量应精确至 0.001g。

（五）试验注意事项

（1）称量干土时，保证称量精确至 0.001g。

（2）本试验进行两次平行测定，两次测定的差值不得大于 0.02，取两次测值的平均值。

（六）试验记录表格（表 1-8）

表 1-8 比重瓶法测定土粒相对密度试验记录

工程名称________ 工程编号________

试验时间________ 试验班级________ 试验组成员________

试样编号	比重瓶号	室内温度/℃	水(液体)相对密度	比重瓶质量/g	瓶、干土总质量/g	干土质量/g	瓶+液体质量/g	瓶+液体+干土总质量/g	与干土同体积的液体质量/g	相对密度	相对密度平均值
		(1)	(2)	(3)	(4)	(5)=(4)−(3)	(6)	(7)	(8)=(5)+(6)−(7)	$(9)=\frac{(5)\times(2)}{(8)}$	

二、虹吸筒法

（一）试验原理

虹吸筒法（简称虹吸法）是通过测量土粒排开水的体积来测出土粒的体积，从而计算出土粒相对密度。

虹吸筒法适用于粒径等于或大于 5mm 的各类土，且其中粒径大于 20mm 的土质量等于或大于总土质量的 10%。

（二）试验仪器设备

（1）虹吸筒装置（图 1-8）：由虹吸筒和虹吸管组成。

（2）天平：称量 1000g，最小分度值 0.1g。

（3）量筒：容积应大于 500mL。

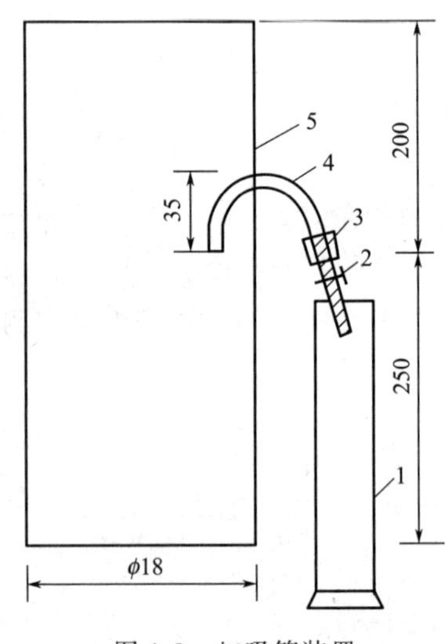

图 1-8 虹吸筒装置

1—量筒；2—管夹；3—橡皮管；4—虹吸管；5—虹吸筒

（三）试验步骤

（1）取代表性试样 1000g，洗净、浸水（24h）、晾干，对大颗粒试样一般用干布擦干表面，称晾干后试样质量。

（2）将清水注入虹吸筒至虹吸管口有水溢出，关闭管夹，将试样缓缓放入虹吸筒中，边放边搅拌，至试样中无气泡逸出为止。

（3）当虹吸筒内水面平稳时，打开管夹，让试样排开的水通过虹吸管流入量筒，称量筒与水的总质量，精确至 0.5g。

（4）取出试样烘干至恒重，称烘干后试样质量，精确至 0.1g；称量筒质量，精确至 0.5g。

（四）试验成果整理

$$G_s=\frac{m_d}{(m_{0w}-m_0)-(m_{0d}-m_d)}G_t \tag{1-13}$$

式中 m_0——量筒的质量，g；

m_{0w}——量筒与水的总质量，g；

m_{0d}——晾干后试样的质量，g。

（五）试验注意事项

（1）相对密度精确至 0.01。

（2）本试验进行两次平行测定，两次测定的差值不得大于 0.02，取两次测值的平均值。

（六）试验记录表格（表 1-9）

表 1-9　虹吸法测定土粒相对密度试验记录

工程名称＿＿＿＿＿＿　　　　　　　　　　工程编号＿＿＿＿＿＿

试验时间＿＿＿＿＿＿　　试验班级＿＿＿＿＿＿　　试验组成员＿＿＿＿＿＿

试样编号	温度/℃	水的相对密度	烘干土质量/g	晾干土质量/g	量筒加排开水质量/g	量筒质量/g	排开水质量/g	吸水质量/g	相对密度	相对密度平均值
	(1)	(2)	(3)	(4)	(5)	(6)	(7)=(5)－(6)	(8)=(4)－(3)	$(9)=\frac{(3)\times(2)}{(7)-(8)}$	(10)

任务四　颗粒分析试验

知识目标

通过工学任务的学习，掌握颗粒分析的目的；掌握颗粒分析试验的方法及应用范围；掌握筛分法和密度计法的试验原理。

能力目标

通过工学任务的学习和训练，掌握不同土开展颗粒分析的试验方法；掌握密度计试验悬液的制作方法；掌握土样易溶盐含量的检测方法；掌握不同方法颗粒分析试验数据的处理方法。

颗粒分析试验的目的是测定干土中工程粒组所占该土总质量的百分数即土的颗粒级配，并明确颗粒大小分布情况，为土的分类以及判断土的工程性质提供依据。

一、筛分法

（一）试验原理

筛分法是将土样通过各种不同孔径的筛子，并按筛子孔径的大小将颗粒分组，然后称量留在各种不同孔径的筛子和筛底盘子上土的质量，计算各粒组占总土的百分数。

筛分法适用于粒径小于或等于 60mm，大于 0.075mm 的土。

（二）试验仪器设备

（1）分析筛：

① 粗筛，孔径为 60mm、40mm、20mm、10mm、5mm、2mm。

② 细筛，孔径为 2.0mm、1.0mm、0.5mm、0.25mm、0.075mm。

（2）天平：称量 5000g，最小分度值 1g；称量 1000g，最小分度值 0.1g；称量 200g，最小分度值 0.01g。

（3）振筛机：筛析过程中应能上下振动。

（4）其他：烘箱、研钵、瓷盘、毛刷等。

（三）试验步骤

（1）一般土样

① 称取试验土样，应精确至 0.1g，当试样质量超过 500g 时，应精确至 1g。根据试验土样的粒径大小，可按照表 1-10 确定取土数量进行试验。

表 1-10　取样数量

颗粒尺寸/mm	取样数量/g
＜2	100～300
＜10	300～1000
＜20	1000～2000
＜40	2000～4000
＜80	＞4000

注：根据土的性质和工程要求可适当增减不同筛径的分析筛。

② 将试样过 2mm 筛，分别称筛上和筛下的试样质量。当筛下的试样质量小于试样总质量的 10%时，不做细筛分析；当筛上的试样质量小于试样总质量的 10%时，不做粗筛分析。

③ 取筛上的试样倒入依次叠好的分析筛中进行筛分，称各级筛上及底盘内试样的质量，应精确至 0.1g。

④ 筛后各级筛上和筛底试样质量的总和与筛前试样总质量的差值不得大于试样总质量的 1%。

（2）含有细粒土颗粒的砂土

① 称取代表性土样，倒入盛水容器中充分搅拌，分离粗细颗粒。

② 将容器中的试样悬液通过 2mm 筛，取筛上的试样烘至恒重，称烘干试样质量，应精确到 0.1g，取筛下的试样悬液用带橡皮头的研杆研磨，再过 0.075mm 筛，并将筛上试样烘至恒重，称烘干试样质量，应精确至 0.1g。

③ 当粒径小于 0.075mm 的试样质量大于试样总质量的 10%时，应采用标准密度计法或移液管法测定小于 0.075mm 的颗粒组成。

（四）试验成果整理

（1）计算小于某粒径的试样质量占试样总质量的百分比：

$$X=\frac{m_{\mathrm{A}}}{m_{\mathrm{B}}}d_{\mathrm{x}} \tag{1-14}$$

式中　X——小于某粒径的试样质量占试样总质量的百分比，%；

m_A——小于某粒径的试样质量，g；

m_B——细筛分析时为所取的试样质量，粗筛分析时为试样总质量，g；

d_x——粒径小于 2mm 的试样质量占试样总质量的百分比，%。

（2）以小于某粒径的试样质量占试样总质量的百分比为纵坐标，颗粒粒径为横坐标，在单对数坐标上绘制颗粒大小分布曲线，见图 1-9。

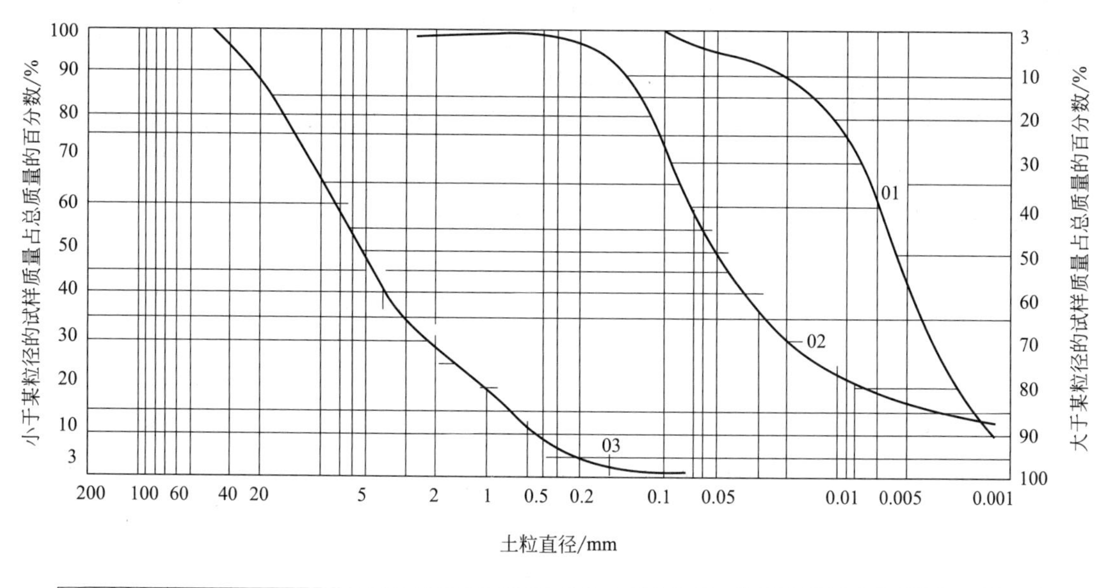

卵石或碎石	粗	中	细	粗	中	细	粉粒	黏粒
	砾			砂粒				

图 1-9　颗粒大小分布曲线

（3）计算级配指标

① 不均匀系数按下式计算：

$$C_u=\frac{d_{60}}{d_{10}} \tag{1-15}$$

式中　C_u——不均匀系数；

d_{60}——限制粒径，颗粒大小分布曲线上的某粒径，小于该粒径的土含量占总质量的 60%；

d_{10}——有效粒径，颗粒大小分布曲线上的某粒径，小于该粒径的土含量占总质量的 10%。

② 曲率系数按下式计算：

$$C_c=\frac{d_{30}^2}{d_{60}d_{10}} \tag{1-16}$$

式中　C_c——曲率系数；

d_{30}——颗粒大小分布曲线上的某粒径，小于该粒径的土含量占总质量的 30%。

（五）试验注意事项

（1）可采用四分法进行代表性试样的取得。

（2）筛分时一定防止土粒洒出，否则造成试验结果误差较大。

（六）试验记录表格（表 1-11）

表 1-11　筛分法试验记录

工程名称________　　　　　　　　工程编号________

试验时间________　试验班级________　试验组成员________

风干土质量＝　　g　　　　小于 0.075mm 的土占总土质量百分数＝　　%

2mm 筛上土质量＝　　g　　小于 2mm 的土占总土质量百分数＝　　%

2mm 筛下土质量＝　　g　　细筛分析时所取试样质量＝　　g

筛号	孔径/mm	累积留筛土质量/g	小于该孔径的土质量/g	小于该孔径的土质量百分数/%	小于该孔径的总土质量百分数/%
底盘总计					

二、密度计法

（一）试验原理

密度计法试验是依据司笃克斯定律进行测定的。当土粒在液体中靠自重下沉时，较大的颗粒下沉较快，而较小的颗粒下沉较慢。

密度计法适用于粒径小于 0.075mm 的试样，该方法是将一定量的土样放在量筒中，然后加纯水，搅拌，使土的大小颗粒在水中均匀分布，制成一定量的均匀浓度的土悬液（1000mL）。静置悬液将土粒沉降，用密度计测出悬液中对应不同时间的不同悬液密度，根据密度计读数和土粒的下沉时间，计算出粒径小于某一粒径 d（mm）的颗粒占土样总量的百分数。

（二）试验仪器设备

（1）密度计

① 甲种密度计，刻度－5°～50°，最小分度值为 0.5°。

② 乙种密度计（20℃），刻度为 0.995～1.020，最小分度值为 0.0002。

（2）量筒：内径约 60mm，容积 1000mL，高约 420mm，刻度 0～1000mL，精确至 10mL。

（3）洗筛：孔径 0.075mm。

(4) 洗筛漏斗：上口直径大于洗筛直径，下口直径略小于量筒内径。

(5) 天平：称量1000g，最小分度值0.1g；称量200g，最小分度值0.01g。

(6) 搅拌器：轮径50mm，孔径3mm，杆长约450mm，带螺旋叶。

(7) 煮沸设备：附冷凝管装置。

(8) 温度计：刻度0～50℃，最小分度值0.5℃。

(9) 其他：秒表，锥形瓶（容积500mL）、研钵、木杵、电导率仪等。

(三) 试剂

(1) 14%六偏磷酸钠溶液：溶解4g六偏磷酸钠 $(NaPO_3)_6$ 于100mL水中。

(2) 25%酸性硝酸银溶液：溶解5g硝酸银（$AgNO_3$）于100mL的10%硝酸（HNO_3）中。

(3) 35%酸性氯化钡溶液：溶解5g氯化钡（$BaCl_2$）于100mL的10%盐酸（HCl）中。

(四) 试验步骤

(1) 试验的土样，一般采用风干土样。当试样中易溶盐含量大于0.5%时，应洗盐。易溶盐含量的检验可用电导法或目测法。

① 电导法：按电导率仪使用说明书操作，测定T℃时，试样溶液（土水比为1∶5）的电导率K_{20}：

$$K_{20}=\frac{K_t}{1+0.02(T-20)} \tag{1-17}$$

式中　K_{20}——20℃时悬液的电导率，μS/cm；

K_t——T℃时悬液的电导率，μS/cm；

T——测定时悬液的温度，℃。

当K_{20}大于1000μS/cm时，应洗盐。

② 目测法：取风干土样3g，倒入烧杯中，加少量纯水调匀，再加纯水25mL，煮沸10min，冷却后移入试管中，放置24h，观察试管，若出现凝聚现象应洗盐。

③ 洗盐方法：称取30g风干土样，倒入500mL锥形瓶中，加200mL纯水搅拌后用滤纸（或抽气）过滤，并用纯水洗滤到滤液的电导率K_{20}小于1000μS/cm（或对5%酸性硝酸银溶液和5%酸性氯化钡溶液无白色沉淀反应）为止。

(2) 称取具有代表性风干土样200～300g，过2mm筛，求出筛上试样占试样总质量的百分比，取筛下土测定试样风干含水率。

(3) 试样干质量为30g的风干试样质量按下式计算

当易溶盐含量<1%时：

$$m_0=30\times(1+0.01w_0) \tag{1-18}$$

当易溶盐含量≥1%时：

$$m_0=\frac{30\times(1+0.01w_0)}{1-W} \tag{1-19}$$

式中　W——易溶盐含量，%；

m_0——风干土的质量，g；

w_0——风干土含水率，%。

(4) 将风干试样或洗盐后在滤纸上的试样，倒入500mL锥形瓶中，注入200mL纯水，浸泡 24h，然后置于煮沸设备上煮沸 40min。

（5）将冷却后的悬液移入烧杯中，静置 1min，通过洗筛漏斗将上部悬液过 0.075mm 筛，遗留杯底沉淀物用带橡皮头研杵研散，再加适量水搅拌，静置 1min，然后将上部悬液过 0.075mm 筛，如此反复倾洗（每次倾洗，最后所得悬液不得超过 1000mL）直至杯底砂粒洗净，将筛上和杯中砂粒合并洗入蒸发皿中，倒掉清水，烘干，称量并进行细筛分析，最后计算各级颗粒质量占试样总质量的百分比。

（6）将过筛悬液倒入量筒，加入 4%六偏磷酸钠 10mL，再注入纯水至 1000mL。

注：对加入六偏磷酸钠后仍产生凝聚的试样应选用其他分散剂。

（7）将搅拌器放入量筒中，沿悬液深度上下搅拌 1min，取出搅拌器，立即开动秒表，将密度计放入悬液中，记录 0.5min、1min、2min、5min、15min、30min、60min、120min 和 1440min 时的密度计读数。每次读数均应在预定时间前 10～20s，将密度计放入悬液中。

（8）密度计读数均以弯液面上缘为准。甲种密度计应精确至 0.5，乙种密度计应精确至 0.0002。每次读数后，应取出密度计放入盛有纯水的量筒中，并应测定相应的悬液温度，精确至 0.5℃，放入或取出密度计时，应小心轻放，不得扰动悬液。

（五）试验数据处理

（1）计算小于某粒径的试样质量占试样总质量的百分比。

① 甲种密度计：

$$X=\frac{100}{m_{\mathrm{d}}}C_{\mathrm{G}}(R+m_{\mathrm{t}}+n-C_{\mathrm{D}}) \tag{1-20}$$

式中 X——小于某粒径的试样质量百分比，%；

m_{d}——试样干质量，g；

C_{G}——土粒相对密度校正值，查表 1-12；

m_{t}——悬液温度校正值，查表 1-13；

n——弯液面校正值；

C_{D}——分散剂校正值；

R——甲种密度计读数。

② 乙种密度计：

$$X=\frac{100V_{\mathrm{x}}}{m_{\mathrm{d}}}C'_{\mathrm{G}}[(R'-1)+m'_{\mathrm{t}}+n'+C'_{\mathrm{D}}]\rho_{\mathrm{w}} \tag{1-21}$$

式中 C'_{G}——土粒相对密度校正值，查表 1-12；

m'_{t}——悬液温度校正值，查表 1-13；

n'——弯液面校正值；

C'_{D}——分散剂校正值；

R'——乙种密度计读数；

V_{x}——悬液体积（=1000mL）；

ρ_{w}——20℃时纯水的密度（=0.998232g/cm³）。

表 1-12　土粒相对密度校正值表

土粒相对密度	相对密度校正值		土粒相对密度	相对密度校正值	
	甲种密度计 C_G	乙种密度计 C'_G		甲种密度计 C_G	乙种密度计 C'_G
2.50	1.038	1.666	2.70	0.989	1.588
2.52	1.032	1.658	2.72	0.986	1.581
2.54	1.027	1.649	2.74	0.981	1.575
2.56	1.022	1.641	2.76	0.977	1.568
2.58	1.017	1.632	2.78	0.973	1.562
2.60	1.012	1.625	2.80	0.969	1.556
2.62	1.007	1.617	2.82	0.965	1.549
2.64	1.002	1.609	2.84	0.961	1.543
2.66	0.998	1.603	2.86	0.958	1.538
2.68	0.993	1.595	2.88	0.954	1.532

表 1-13　悬液温度校正值表　　单位：℃

悬液温度	甲种密度计温度校正值 m_t	乙种密度计温度校正值 m'_t	悬液温度	甲种密度计温度校正值 m_t	乙种密度计温度校正值 m'_t
10.0	−2.0	−0.0012	20.0	0.0	0.0000
10.5	−1.9	−0.0012	20.5	+0.1	+0.0001
11.0	−1.9	−0.0012	21.0	+0.3	+0.0002
11.5	−1.8	−0.0011	21.5	+0.5	+0.0003
12.0	−1.8	−0.0011	22.0	+0.6	+0.0004
12.5	−1.7	−0.0010	22.5	+0.8	+0.0006
13.0	−1.6	−0.0010	23.0	+0.9	+0.0006
13.5	−1.5	−0.0009	23.5	+1.1	+0.0007
14.0	−1.4	−0.0009	24.0	+1.3	+0.0008
14.5	−1.3	−0.0008	24.5	+1.5	+0.0009
15.0	−1.2	−0.0008	25.0	+1.7	+0.0010
15.5	−1.1	−0.0007	25.5	+1.9	+0.0011
16.0	−1.0	−0.0006	26.0	+2.1	+0.0013
16.5	−0.9	−0.0006	26.5	+2.2	+0.0014
17.0	−0.8	−0.0006	27.0	+2.5	+0.0015
17.5	−0.7	−0.0004	27.5	+2.6	+0.0016
18.0	−0.5	−0.0003	28.0	+2.9	+0.0018
18.5	−0.4	−0.0003	28.5	+3.1	+0.0019
19.0	−0.3	−0.0002	29.0	+3.3	+0.0021
19.5	−0.1	−0.0001	29.5	+3.5	+0.0022
			30.0	+3.7	+0.0023

（2）试样颗粒粒径应按下式计算：

$$D=\sqrt{\frac{1800\times 10^{4}\eta_{T}}{(G_{s}-G_{wt})\rho_{wt}g}\times\frac{L}{t}} \tag{1-22}$$

式中 D——试样颗粒粒径，mm；

η_T——水的动力黏滞系数（$kPa\cdot s\times 10^{-5}$），查表 1-14；

G_{wt}——T℃时水的相对密度；

G_s——土粒相对密度；

ρ_{wt}——4℃时纯水的密度，g/cm^3；

L——某一时间内的土粒沉降距离，cm；

t——沉降时间，s；

g——重力加速度，cm/s^2。

表 1-14 水的动力黏滞系数、黏滞系数比、温度校正值

温度/℃	动力黏滞系数 η_T/($\times 10^{-6}$kPa·s)	$\frac{\eta_T}{\eta_{20}}$	温度校正值 T_p/℃	温度/℃	动力黏滞系数 η_T/($\times 10^{-6}$kPa·s)	$\frac{\eta_T}{\eta_{20}}$	温度校正值 T_p/℃
5.0	1.516	1.501	1.17	17.0	1.088	1.077	1.64
5.5	1.498	1.478	1.19	17.5	1.074	1.066	1.66
6.0	1.470	1.455	1.21	18.0	1.061	1.050	1.68
6.5	1.449	1.435	1.23	18.5	1.048	1.038	1.70
7.0	1.428	1.414	1.25	19.0	1.035	1.025	1.72
7.5	1.407	1.393	1.27	19.5	1.022	1.012	1.74
8.0	1.387	1.373	1.28	20.0	1.010	1.000	1.76
8.5	1.367	1.353	1.30	20.5	0.998	0.998	1.78
9.0	1.347	1.334	1.32	21.0	0.986	0.976	1.80
9.5	1.328	1.315	1.34	21.5	0.974	0.964	1.83
10.0	1.310	1.297	1.36	22.0	0.968	0.958	1.85
10.5	1.292	1.279	1.38	22.5	0.952	0.943	1.87
11.0	1.274	1.261	1.40	23.0	0.941	0.932	1.89
11.5	1.256	1.243	1.42	24.0	0.919	0.910	1.94
12.0	1.239	1.227	1.44	25.0	0.899	0.890	1.98
12.5	1.223	1.211	1.46	26.0	0.879	0.870	2.03
13.0	1.206	1.194	1.48	27.0	0.859	0.850	2.07
13.5	1.188	1.176	1.50	28.0	0.841	0.833	2.12
14.0	1.175	1.168	1.52	29.0	0.823	0.815	2.16
14.5	1.160	1.148	1.54	30.0	0.806	0.798	2.21
15.0	1.144	1.133	1.56	31.0	0.789	0.781	2.25
15.5	1.130	1.119	1.58	32.0	0.773	0.765	2.30
16.0	1.104	1.104	1.60	33.0	0.757	0.750	2.34
16.5	1.101	1.090	1.62	34.0	0.742	0.735	2.39

（3）当用密度计法和筛析法联合分析时，应将试样总质量折算后，再绘制颗粒大小分布曲线；并应将两段曲线连成一条平滑的曲线。

（六）试验注意事项

（1）读数时，保持密度计浮泡处在量筒中心，不得贴近量筒内壁。

（2）试验前，应把量筒中的混合悬液搅拌均匀并防止悬液外溅。

（七）试验记录表格（表 1-15）

表 1-15　密度计法试验的记录

工程名称________　　干土质量 m_d ________

工程编号________　　风干土质量________

试验时间________　　干土总质量________

试验班级________　　密度计号________

试验组成员________　　量筒号________

湿土质量________　　烧杯号________

含水率________　　土粒相对密度 G_s ________

含盐量________　　相对密度校正值 C_G ________

弯液面校正值 n ________

试验时间	沉降时间 t/min	悬液温度 T/℃	密度计读数 R	温度仪校正值 m_t	分散剂校正值 C_D	密度计读数		土粒落距 L/cm	颗粒粒径 D/mm	小于某粒径土样质量占总土质量分数/%
						R_M	$R_H=R_MG_S$			
			(1)	(2)	(3)	(4)=(1)+(2)+n−(3)	(5)	(6)		$\frac{100}{m_d}\times C_G\times(4)$

任务五　土的含水率测试试验

知识目标

通过工学任务的学习，掌握烘干法和酒精燃烧法的定义和试验原理；了解酒精燃烧法的使用条件；熟悉烘干法和酒精燃烧法的区别。

能力目标

通过工学任务的学习和训练，掌握烘箱的试验操作；了解酒精纯度的选择；掌握酒精燃烧法的操作过程；熟悉烘干法和酒精燃烧法的试验数据处理方法。

一、烘干法

（一）试验原理

土的含水率是土在105～110℃下烘至恒重时所失去的水分质量与干土质量的比值，用百分数表示。

（二）试验仪器设备

（1）电烘箱（或红外线电烘箱）。

（2）天平：感量0.01g。

（3）烘土盒：又叫称量盒，每个烘土盒的质量都已称好，并登记备查。

（4）干燥器：用无水氯化钙作干燥剂。

（三）试验步骤

（1）选取有代表性的试样不少于15g（砂土或不均匀的土应不少于20g），放入烘土盒内立即盖紧，称烘土盒加湿土质量（m_1）并精确至0.01g，记录烘土盒号码、烘土盒质量（m_3，由试验室提供）和m_1。

（2）打开烘土盒盖，放入电烘箱中，在105～110℃下烘至恒重（烘干时间一般自温度达到105～110℃算起，不少于8h），然后取出烘土盒，加盖后放进干燥器中，使试样冷却至室温。

（3）从干燥器中取出烘土盒，称烘土盒加烘干土的质量（m_2）并精确至0.01g，并将此质量记入表格内。

（4）本试验须进行两次平行测定。

（四）试验成果处理

$$w=\frac{m_1-m_2}{m_2-m_3}\times 100\% \tag{1-23}$$

式中　w——土的含水率，%；

m_1——烘土盒加湿土质量，g；

m_2——烘土盒加干土质量，g；

m_3——烘土盒质量，g。

（五）试验注意事项

（1）含水率试验用的土应在打开土样包装后立即采取，以免水分改变，影响结果。

（2）本试验进行两次平行测定，取两次试样，分别测定含水率，取其算术平均值作为最后成果，但两次试验的平行差值不得大于表1-16的规定。

表1-16　试验误差规定

含水率/%	5以下	40以下	10以下
允许平行差值/%	≤0.3	≤1	≤2

（六）试验记录表格（表 1-17）

表 1-17　烘干法测定含水率试验记录

工程名称________　　　　　　　　工程编号__________

试验时间________　试验班级________　试验组成员________

烘土盒号	盒+湿土质量 m_1/g	盒+干土质量 m_2/g	土盒质量 m_3/g	水质量 (m_1-m_2)/g	干土质量 (m_2-m_3)/g	含水率 w/%	平均含水率 w/%

二、酒精燃烧法

（一）试验原理

酒精燃烧法是在土样中加入酒精，利用酒精燃烧使土中的水分蒸发，将土样烘干。本试验方法适用于快速测定无黏性土和一般黏性土，不适用于含有机质土、含盐量较多的土和重黏土。本方法是一种快速测定法中较精确的方法，在现场测试中广泛应用。

（二）试验仪器设备

(1) 称量盒。

(2) 天平：感量 0.01g。

(3) 酒精：纯度 95%。

(4) 其他：滴管、火柴、调土刀等。

（三）试验步骤

(1) 取代表性试样（黏质土 5～10g、砂类土 20～30g）放入称量盒内，称湿土质量。

(2) 用滴管将酒精注入放有试样的称量盒中，直至盒中出现自由液面为止。为使酒精在试样中充分混合均匀，可将盒放在桌上轻轻敲击。

(3) 点燃盒中酒精，燃烧至火焰熄灭。

(4) 将试样冷却数分钟，按 (2) 和 (3) 步重新燃烧两次。

(5) 待第三次火焰熄灭后，盖好盒盖，立即称干土质量，精确至 0.01g。

（四）试验成果整理

计算含水率

$$w=\frac{m-m_s}{m_s}\times 100\% \tag{1-24}$$

式中　w——含水率，%，精确至 0.1；

m——湿土质量，g；

m_s——干土质量，g。

（五）试验注意事项

（1）本试验方法切勿应用于有机质含量较高的土，否则测试结果的精确度将大大降低。

（2）试验时，酒精不要注入太多，超过土表面即可。

（六）试验记录表格（表 1-18）

表 1-18 酒精燃烧法测定含水率试验记录

工程名称＿＿＿＿＿ 工程编号＿＿＿＿＿＿

试验时间＿＿＿＿＿ 试验班级＿＿＿＿＿ 试验组成员＿＿＿＿＿

称量盒号	盒＋湿土质量 m_1/g	盒＋干土质量 m_2/g	土盒质量 m_3/g	水质量 (m_1-m_2)/g	干土质量 (m_2-m_3)/g	含水率 w/%	平均含水率 w/%

任务六 土的渗透系数测试试验

知识目标

通过工学任务的学习，掌握渗透系数的测定方法；掌握常水头渗透试验和变水头渗透试验的原理与适用条件；了解变水头渗透装置的组成部分。

能力目标

通过工学任务的学习和训练，掌握 70 型渗透仪和 55 型渗透仪的试验操作；了解渗透装置的连接方法；掌握常水头渗透试验和变水头渗透试验的过程及数据处理方法。

渗透系数是衡量土体渗透性强弱的一个重要力学性质指标。渗透系数的测定方法分为室内渗透试验和现场渗透试验两种。

室内渗透试验分为常水头法（适用于透水性较强的粗粒土）、变水头法（适用于透水性较弱的细粒土）和加荷式渗透法（适用于透水性很小的黏性土）。

一、常水头渗透法

（一）试验原理

常水头渗透试验是指通过土样的渗流在恒水头差作用下进行的渗透试验，适用于粗粒土渗透系数的测定。

（二）试验仪器设备

（1）常水头渗透仪：70 型渗透仪（基姆式渗透仪），见图 1-10 所示。

（2）天平：称量 5000g，分度值 0.01g。

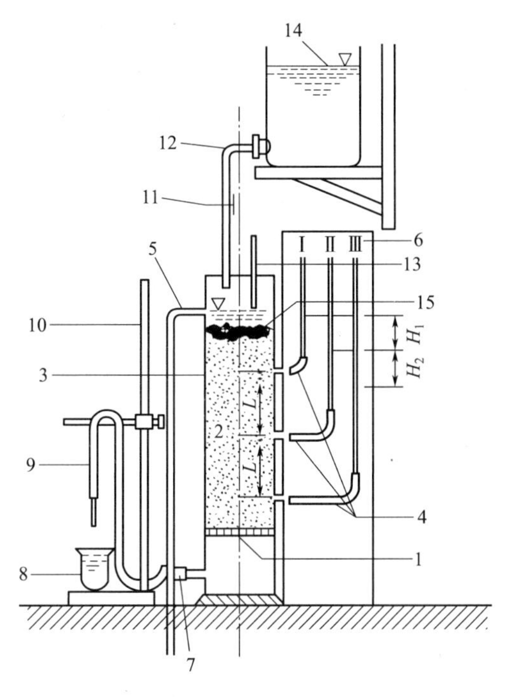

图 1-10 常水头渗透试验装置（70 型）

1—金属孔板；2—试样；3—封底金属圆筒；4—测压孔；5—溢水孔；6—玻璃测压管；7—渗水孔；8—容量为 500mL 的量筒；9—渗水孔调节管；10—滑动支架；11—止水夹；12—供水管；13—温度计；14—容量为 5000mL 的供水瓶；15—砾石层

（3）供水瓶（容积 5000mL）、量杯（容量 500mL）、温度计（0～50℃，分度值 0.5）。

（4）其他：秒表、橡皮管、管夹、支架等。

（三）试验步骤

（1）安装仪器，检查管路接头是否漏水，连通调节管 9 与供水瓶 14，使水流入仪器底部，直至与网络顶面齐平为止，然后关止水夹 11。

（2）称取具有代表性的风干试样 4kg，精确至 1g，并测量试样的风干含水率。将风干试样分层装入金属圆筒的网络上，每层厚 2～3cm，用木锤捣实。

（3）连接供水管和调节管，由调节管中进水，开启止水夹 11，使水由仪器底部向上渗入，饱和试样，防止土样被冲动，水流速度不宜过快。当水面与试样顶齐平时，关闭止水夹。观察测压管中水面情况和管子弯曲部分有无气泡产生。

（4）继续饱和试样，直至试样高出上测压孔 3～4cm 为止，同时检查 3 根测压管的水头是否齐平。测量试样面至筒顶的高度，并与网络至筒顶的高度相减，可得到试样高度 h，称剩余试样的质量，精确至 0.1g，计算所装试样的总质量，并在试样上部填厚度约 2cm 的砾石层，放水至水面高出砾石面 2～3cm 时关闭止水夹。

（5）调节管在支架上移动，使其管口高于溢水孔。关闭止水夹，将供水瓶与调节管分开，放于圆筒上部。打开止水夹，使水由顶部注入仪器，至水面与溢水孔齐平。多余的水则由溢水孔溢出，以保持水头恒定。

（6）降低调节管的管口，使其位于试样上部 1/3 高度处，使仪器中产生水头差，水便渗过试样，经调解管流出，保持圆管中水面不变。

（7）当测压管水头稳定后，测定测压管水头，并计算测压管Ⅰ、Ⅱ间的水头差及测压管Ⅱ、Ⅲ间的水头差。

（8）打开秒表，记录水通过调节管的时间和透水量，重复2～3次。

（9）记录净水处和出水处的水温，取平均值。

（10）调节调节管中的水面，改变水力坡度，重复步骤（7）～（9）。

（四）试验数据处理

（1）计算试样的干密度和孔隙比

$$m_d=\frac{m}{1+0.01w} \tag{1-25}$$

$$\rho_d=\frac{m_d}{Ah} \tag{1-26}$$

$$e=\frac{G_s\rho_w}{\rho_d}-1 \tag{1-27}$$

式中 m——风干试样总质量，g；

w——风干含水率，%；

m_d——试样干质量，g；

ρ_d——试样干密度，g/cm^3；

h——试样高度，cm；

A——试样断面面积，cm^2；

e——试样孔隙比；

G_s——土粒相对密度。

（2）计算常水头渗透系数

$$k_t=\frac{QL}{AHt} \tag{1-28}$$

式中 k_t——水温 T（℃）时试样的渗透系数，cm/s；

Q——t 秒时的渗透水量，cm^3；

L——两侧压孔中心间的试样长度，$L=10$cm；

A——试样断面面积，cm^2；

H——平均水头差，cm；

t——时间，s。

（3）计算水温20℃时的渗透系数

$$k_{20}=k_t\frac{\eta_T}{\eta_{20}} \tag{1-29}$$

式中 k_{20}——水温20℃时试样的渗透系数，cm/s；

k_t——水温 T（℃）时试样的渗透系数，cm/s；

η_T——水温 T（℃）时水的动力黏滞系数，kPa·s，可查表1-14得到；

η_{20}——水温20℃时水的动力黏滞系数，kPa·s，可查表1-14得到。

（五）试验注意事项

（1）开始试验之前，必须检查各个管路和接头是否漏水。

（2）试验时，保证水流的速度，防止由于试验速度过快，导致土粒流动。

（六）试验记录表格（表 1-19）

表 1-19 常水头渗透法试验记录（70 型渗透仪）

工程名称________	工程编号________	试样说明________
试样高度________	试验面积________	干土质量________
土粒相对密度________	测压孔间距 10cm	仪器编号________
试验时间________	试验班级________	试验组成员________

试验次数	经过时间 t/s	测压管水位/cm			测压水头差/cm			水力梯度 J	渗透水力 Q/cm^3	渗透系数 k_t/(cm/s)	校正系数 $\frac{\eta_T}{\eta_{20}}$	水温 20℃时渗透系数 k_{20}/(cm/s)	平均渗透系数 $\overline{k_{20}}$/(cm/s)
	(1)	Ⅰ管	Ⅱ管	Ⅲ管	H_1	H_2	平均 H						
		(2)	(3)	(4)	(5)=	(6)=	(7)=	(8)≐	(9)	(10)=	(11)	(12)=	(13)=
					(2)−(3)	(3)−(4)	$\frac{(5)+(6)}{2}$	0.1×(7)		$\frac{(9)}{A\times(8)\times(1)}$		(10)×(11)	$\frac{\sum(12)}{n}$

二、变水头渗透法

（一）试验原理

变水头渗透试验是指通过土样的渗流在变化的水头压力作用下进行的渗透试验，适用于细粒土渗透系数的测定，常用南 55 型试验法。

（二）试验仪器设备

（1）渗透容器：由环刀、透水石、套环、上盖和下盖组成。环刀的内径 61.8mm，高 40mm；透水石的渗透系数应大于 10^{-3}cm/s。

（2）变水头装置：由渗透容器、变水头管、供水瓶、进水管等组成（图 1-11）。变水头管的内径应均匀，管径不大于 1cm，管外壁应有最小分度为 1.0mm 的刻度，长度宜为 2m 左右。

（3）容量 100mL 的量筒，分度值为 1.0mL。

（4）其他：切土器、秒表、温度计、削土刀、凡士林等。

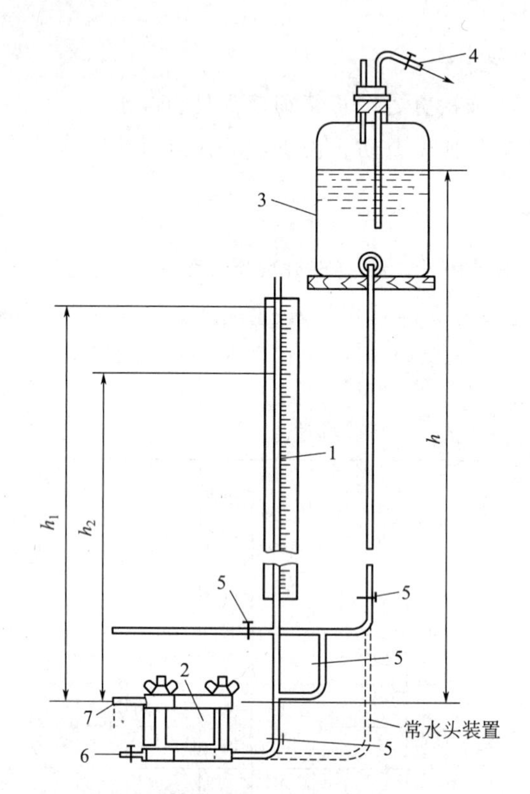

图 1-11 变水头渗透试验装置

1—变水头管；2—渗透容器；3—供水瓶；4—接水源管；
5—进水管夹；6—排气管；7—出水管

（三）试验步骤

（1）用环刀在垂直或平行土样层面切取原状土试样或扰动土制备成给定密度的试样，并进行充分饱和。切土时，应尽量避免结构扰动，不得用削土刀反复涂抹试样表面，以免闭塞空隙。

（2）将装有试样的环刀装入渗透容器，用螺母旋紧，要求密封至不漏水、不漏气。

（3）将渗透容器的进水口与变水头管连接，利用供水瓶中的纯水向进水管注满水，并渗入渗透容器，打开排气阀，排出渗透容器底部的空气，直至溢出水中无气泡，关闭排水阀，放平渗透容器，关闭进水管夹。

（4）向变水头管注纯水，使水升至预定高度，水头高度根据试样结构的疏松程度确定，一般不应大于 2m，待水位稳定后切断水源，打开进水管夹，使水通过试样，当出水口有水溢出时开始记录变水头管中起始水头高度 h_1 和起始时间 t_1，按预定时间间隔 t 记录水头 h_2 和时间 t_2，并测记出水口的水温。

（5）将变水头管中的水位变换高度，待水位稳定再进行测记水头和时间变化，重复试验 5～6 次。当不同开始水头下测定的渗透系数在允许差值范围内时（不大于 2×10^{-n} cm/s），结束试验。

（四）试验数据处理

变水头渗透系数应按下式计算：

$$k_t = 2.3\frac{aL}{A(t_2 - t_1)}\lg\frac{h_1}{h_2} \tag{1-30}$$

式中　k_t——水温 T（℃）时试样的渗透系数，cm/s；

L——渗径，为试样长度，cm；

A——试样断面面积，cm^2；

a——变水头管断面面积，cm^2；

h_1——开始时水头，cm；

h_2——终止时水头，cm；

t_1——起始时间，s；

t_2——终止时间，s。

（五）试验注意事项

（1）试验以 2 人为一个小组进行，每人应有明确分工，以保证试验的正常进行；

（2）试验过程中，保证连接管道封闭，并保证有一定的压力差；

（3）要以科学的态度进行试验数据处理，字迹清楚、图表整洁。

（六）试验记录表格（表 1-20）

表 1-20　变水头渗透法试验记录

工程名称________　土样编号________　仪器编号________

试样高度________　试验面积________　测压管断面面积________

孔隙比________　试验时间________　试验班级________　试验组成员________

开始时间 t_1/s	终止时间 t_2/s	经过时间(t_2-t_1)/s	开始水头 h_1/cm	终止水头 h_2/cm	水温/℃	渗透系数/(cm/s)

任务七　土的界限含水率测试试验

知识目标

通过工学任务的学习，掌握液限、塑限的实验室测定方法；掌握碟式液限试验法、搓条法塑限以及液、塑限联合测定法的试验原理；熟悉碟式液限测定仪和联合测定仪的试验装置。

能力目标

通过工学任务的学习和训练，掌握碟式液限测定仪和联合测定仪的组成装置及基本操作；熟悉搓条法进行塑限测定的操作过程；熟练掌握搅拌不同含水率土样的技能；掌握不同方法液限、塑限的计算方法。

黏性土的状态一般包括流动状态、可塑状态、半固体状态和固体状态。其中，由一个稠度状态过渡到另一个稠度状态时的分界含水率，称为界限含水率，也称稠度界限。

目前，测试土的界限含水率的方法主要有碟式仪法、搓条法和液、塑限联合测定法。

一、碟式液限仪测试法

（一）试验原理

碟式液限仪是将土碟中的土膏用划刀分成两半，并以每秒两次的速率将土碟由 10mm 高度落下，当土碟下落 25 次时，两半土膏在碟底合拢的长度为 13mm，则此时土膏的含水率为液限，适用于粒径小于 0.5mm 的土。

（二）试验仪器设备

（1）碟式液限仪：由铜碟、支架及底座组成（见图 1-12），底座应由硬橡胶制成。

（2）开槽器：带量规，并具有一定尺寸和形状（见图 1-12）。

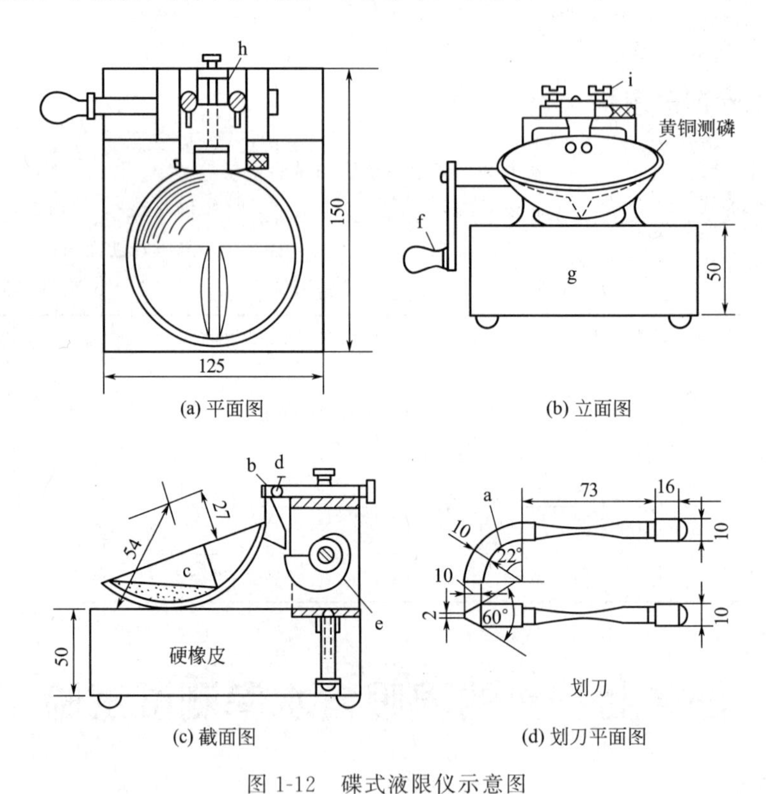

(a) 平面图　(b) 立面图　(c) 截面图　(d) 划刀平面图

图 1-12　碟式液限仪示意图

a—划刀；b—销子；c—土碟；d—支架；e—蜗轮；f—摇柄；g—底座；h—调整板；i—螺钉

（三）试验步骤

（1）碟式液限仪校准步骤

① 首先松开调整板的定位螺钉，将量规垫放于铜碟和底座之间，用调整螺钉提升铜碟 10mm 高。

② 保持量规位置不变，迅速转动摇柄以检验调整是否正确。当蜗形轮撞击从动器时，铜碟不动，并能听到轻微的声音，表明调整正确。

③ 拧紧定位螺钉，固定调整板。

（2）碟式液限仪试验步骤

① 试验土样一般采用天然土样。若土样不均匀，则采用风干土样；当试样中含有粒径大于 0.5mm 的土粒和杂物时，需要过 0.5mm 筛。

② 当采用天然含水率土样时，取代表性土样 250g；若采用风干土样时，取 0.5mm 筛下的代表性土样 200g，加水调匀土膏，放入调土皿，浸润 24h。

③ 将制备好的试样充分搅拌均匀，平铺于铜碟前半部，且使试样中心厚度为 10mm，用开槽器经蜗形轮的中心沿铜碟直径将试样划开，形成 V 形槽。

④ 以两转/秒的速度转动摇柄，使铜碟反复起落，坠击于底座上，数击数，直至槽底两边试样的合拢长度为 13mm 时，记录击数，并在槽的两边取试样不应少于 10g，放入称量盒内，测定此时土膏的含水率。

⑤ 将加不同水量的试样重复步骤③、④，试验至少 2 个试样，槽底试样合拢所需要的击数宜控制在 15～35 击（25 次以上及以下各一次），然后测定各种击数下试样的相应含水率。

（四）试验数据处理

按式(1-31) 计算击 n 次下合拢时试样的相应含水率：

$$w_n=\frac{m_n-m_d}{m_d}\times 100\% \tag{1-31}$$

式中　w_n——n 击下试样的含水率，%，精确至 0.1%；

m_n——n 击下试样的质量，g；

m_d——试样的干土质量，g。

以击次为横坐标，含水率为纵坐标，在单对数坐标纸上绘制击次与含水率关系曲线，取曲线上 25 击所对应的整数含水率为试样的液限。

（五）试验注意事项

（1）试验以 2 人为一个小组进行，每人应有明确分工，以保证试验的正常进行；

（2）制备土样时，要注意掌握加水量，保证几次试验土样含水量有一定差异。

（六）试验记录表格（表 1-21）

表 1-21　碟式液限仪测试法试验记录

工程名称__________　　　　　　　　工程编号__________

试验时间__________　试验班级__________　试验组成员__________

试样编号	击数	盒质量/g	盒+湿土质量/g	盒+干土质量/g	水质量/g	干土质量/g	含水率/%	液限/%
		(1)	(2)	(3)	(4)=(2)-(3)	(5)=(3)-(1)	(6)=(4)/(5)×100	

二、搓条法塑限测试法

目前，测试土的液限主要有搓条法和液塑限联合测定法。下面主要介绍搓条法。

（一）试验原理

搓条法试验是用手掌在毛玻璃板上搓滚土条，当土条直径达到 3mm 时产生裂缝并断裂，此时土的含水率为塑限。本试验方法适用于粒径小于 0.5mm 的土。

（二）试验仪器设备

（1）毛玻璃板：200mm×300mm。

（2）卡尺：分度值为 0.02mm。

（3）天平：称量 200g，分度值 0.01g。

（4）其他：土样盒、烘箱等。

（三）试验步骤

（1）取 0.5mm 筛下的代表性试样 100g，放在盛土皿中加水搅拌均匀，湿润 24h。

（2）将制备好的试样在手中揉捏至不粘手，过湿的土用吹风机吹干，然后捏扁，当出现裂缝时，表示其含水率接近塑限。

（3）取 10g 接近塑限含水率的试样，用手搓成椭圆形，放在毛玻璃板上用手掌滚搓。滚搓时手掌的压力要均匀地施加在土条上，不得使土条在毛玻璃板上无力滚动，土条不得有空心现象，土条长度不宜大于手掌宽度。

（4）当土条直径搓成 3mm 时产生裂缝，并开始断裂，表示试样的含水率达到塑限含水率。当土条直径搓成 3mm 时不产生裂缝或土条直径大于 3mm 时开始断裂，表示试样的含水率高于塑限或低于塑限，应重做试验。

（5）取直径 3mm 有裂缝的土条 5g，测定土条的含水率。

（6）本试验应进行两次平行测定，两次测定的差值不大于 2%，取两次测值的平均值。

（四）试验数据处理

按式(1-32）计算塑限

$$w_p=\frac{m_2-m_1}{m_1-m_0}\times100\% \tag{1-32}$$

式中 w_p——塑限，%，精确至 0.1%；

m_1——干土加称量盒质量，g；

m_2——湿土加称量盒质量，g；

m_0——称量盒质量，g。

（五）试验注意事项

（1）试验以 2 人为一个小组进行，每人应有明确分工，以保证试验的正常进行；

（2）要注意试验土样的含水量，不能太少也不能太多。

（六）试验记录表格（表 1-22）

表 1-22　搓条法塑限试验记录

工程名称＿＿＿＿＿＿　　　　　　　　　　工程编号＿＿＿＿＿＿

试验时间＿＿＿＿＿＿　试验班级＿＿＿＿＿＿　试验组成员＿＿＿＿＿＿

试样编号	盒号	盒质量/g	盒＋湿土质量/g	盒＋干土质量/g	水质量/g	干土质量/g	塑限/%	塑限平均值/%
		(1)	(2)	(3)	(4)＝(2)－(3)	(5)＝(3)－(1)	(6)＝(4)/(5)×100	

三、液塑限联合测定法

（一）试验原理

液塑限联合测定法是根据圆锥仪的圆锥入土深度与其相应的含水率在双对数坐标上具有线性关系的特性来进行的。利用圆锥质量为 76g 的液塑限联合测定仪测得土在不同含水率时的圆锥入土深度，并绘制其关系直线图，在图上查得圆锥下沉深度为 17mm 所对应的含水率即为液限，查得圆锥下沉深度为 2mm 所对应的含水率即为塑限。

（二）试验设备仪器

（1）液塑限联合测定仪：电磁吸锥、测读装置、升降支座等，圆锥质量为 76g，锥角为 30°，试样杯等，见图 1-13。

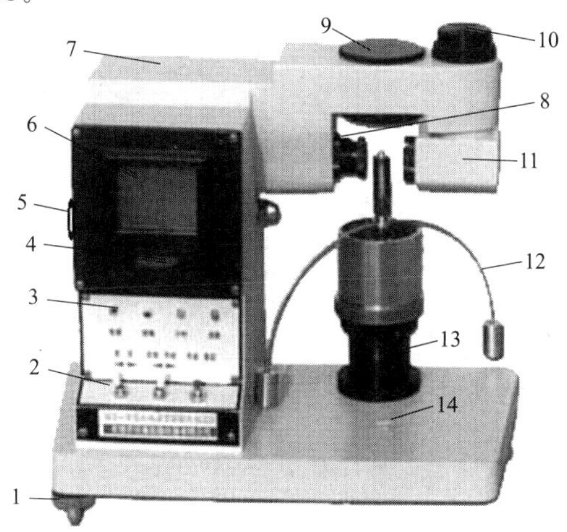

图 1-13　光电式液塑限联合测定仪示意图

1—水平调节螺丝；2—控制开关；3—指示灯；4—零线调节螺丝；5—反光镜调节螺丝；6—屏幕；7—机壳；8—物镜调节螺丝；9—电磁装置；10—光源调节螺丝；11—光源；12—圆锥仪；13—升降台；14—水平泡

（2）天平：称量 200g，分度值 0.01g。

（3）其他：调土刀、不锈钢杯、凡士林、称量盒、烘箱、干燥器等。

（三）试验步骤

（1）土样制备：当采用风干土样时，取通过 0.5mm 筛的代表性土样约 200g，分成三份，分别放入不锈钢杯中，加入不同数量的水，使得不同稠度的试样下沉深度约为 4～5mm、9～11mm、15～17mm。

（2）装土入杯：将制备的试样调拌均匀，填入试样杯中，填满后用刮土刀刮平表面，然后将试样杯放在联合测定仪的升降座上。

（3）接通电源：在圆锥仪锥尖上涂抹一薄层凡士林，接通电源，使电磁铁吸住圆锥。

（4）测读深度：调整升降座，使锥尖刚好与试样面接触，切断电源使电磁铁失磁，圆锥仪在自重下沉入试样，经 5s 后测读圆锥下沉深度。

（5）测含水率：取出试样杯，测定试样的含水率。重复以上步骤，测定另两个试样的圆锥下沉深度和含水率。

（四）试验数据处理

（1）计算各试样的含水率

$$w=\frac{m_w}{m_s}\times 100\%=\frac{m_1-m_2}{m_2-m_0}\times 100\% \tag{1-33}$$

式中 w——含水率，%，精确至 0.1%；

m_1——干土加称量盒质量，g；

m_2——湿土加称量盒质量，g；

m_0——称量盒质量，g。

（2）在双对数坐标纸上绘制含水率（横坐标）和圆锥下沉深度（纵坐标）关系曲线，三点连一直线。当三点不在一直线上时，可通过高含水率的一点与另两点连成两条直线，在圆锥下沉深度为 2mm 处查得相应的含水率。当两个含水率的差值≥2%时，应重做试验。当两个含水率的差值<2%时，用这两个含水率的平均值与高含水率的点连成一条直线。

（3）在圆锥下沉深度与含水率的关系图上（见图 1-14），查得下沉深度为 17mm 所对应

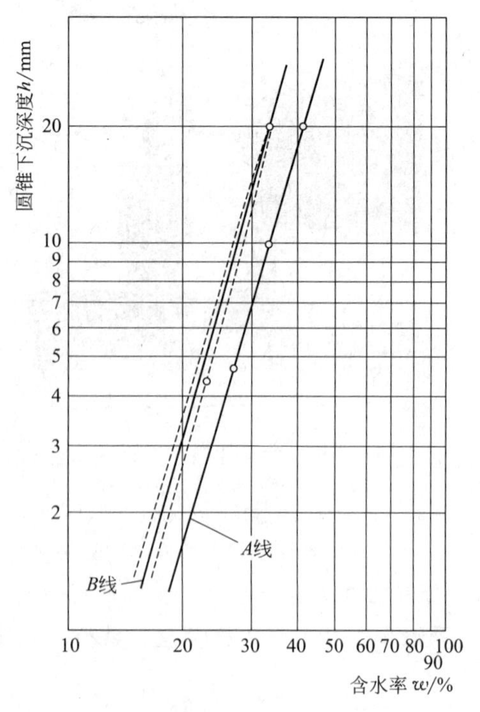

图 1-14 圆锥下沉深度与含水率关系

的含水率为液限；查得下沉深度为 2mm 所对应的含水率为塑限。

（五）试验注意事项

（1）土样分层装杯时，注意土中不能留有空隙。

（2）每种含水率设三个测点，取平均值作为这种含水率所对应土的圆锥入土深度，如三点下沉深度相差太大，则必须重新调试土样。

（六）试验记录表格（表 1-23）

表 1-23　液塑限联合测定法试验记录

工程名称＿＿＿＿＿　　　　　　　　　　工程编号＿＿＿＿＿

试验时间＿＿＿＿＿　试验班级＿＿＿＿＿　试验组成员＿＿＿＿＿

试样编号	圆锥下沉深度/mm	盒号	盒质量 m_0/g	盒＋干土质量 m_1/g	盒＋湿土质量 m_2/g	水质量 m_w/g	干土质量 m_s/g	含水率 w/%	液限 w_L/%	塑限 w_p/%
			(1)	(2)	(3)	(4)＝(3)－(2)	(5)＝(2)－(1)	$\frac{(4)}{(5)}$		

任务八　土的击实特性测试试验

知识目标

通过工学任务的学习，掌握击实试验的目的和基本原理；熟悉选择不同击实设备的方法。

能力目标

通过工学任务的学习和训练，掌握手动击实设备的组装方法；掌握轻型击实试验和重型击实试验的操作区别；掌握干法和湿法制备试样的方法；掌握最大干密度和最优含水率的试验室获取方法。

一、试验原理及方法

压实是使土体变密实的常用方法。在工程上经常通过人工或者机械夯击的方法来获得较高密实度的土，从而改善土体的天然工程性质。

在室内主要利用击实仪测定软土的最大干密度和最优含水率，了解软土的压实特性。

击实试验分轻型击实和重型击实两种。轻型击实试验适用于粒径小于 5mm 的黏性土，锤底直径为 51mm，击锤质量为 2.5kg，落距为 305mm，单位体积击实功约为 592.2kJ/m³，分 3 层击实，每层 25 击；重型击实试验适用于粒径不大于 20mm 的土，锤底直径为 152mm，击锤质量为 4.5kg，落距为 116mm，单位体积击实功约为 2684.9kJ/m³，分 5 层击实，每层 56 击；采用三层击实时，最大粒径不大于 40mm。

二、试验仪器设备

（1）击实筒（图 1-15）、击锤。

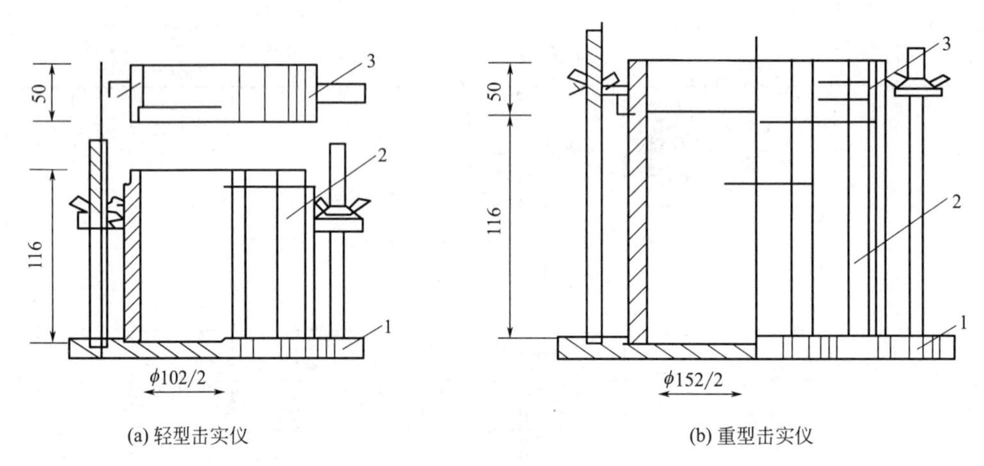

(a) 轻型击实仪　(b) 重型击实仪

图 1-15　击实筒

1—底板；2—击实筒；3—套筒

（2）手动击实仪的击锤应配导筒，击锤与导筒间应有足够的间隙使锤能自由下落。如图 1-16 所示。

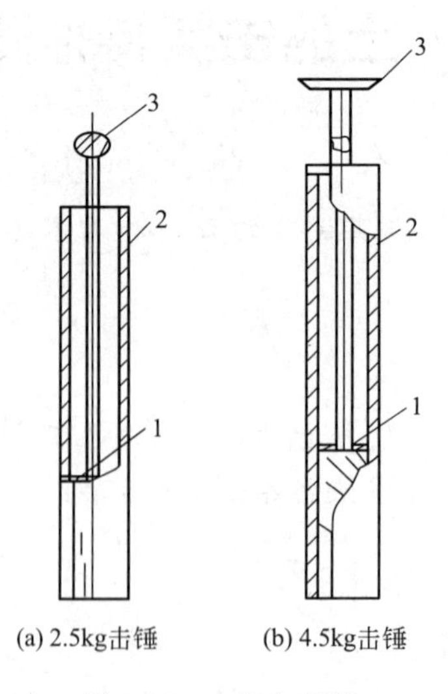

(a) 2.5kg击锤　(b) 4.5kg击锤

图 1-16　击锤与导筒

1—提手；2—导筒；3—硬橡皮垫

电动操作的击锤必须有控制落距的跟踪装置和锤击点按一定角度（轻型 53.5°，重型

45°）均匀分布的装置（重型击实仪中心点每圈要加一击）。

（3）天平：称量 200g，最小分度值 0.01g。

（4）台秤：称量 10kg，最小分度值 5g。

（5）土壤筛：孔径为 20mm、40mm 和 5mm。

（6）试样推出器：宜用螺旋式千斤顶或液压式千斤顶，如无此类装置，亦可用刮刀和修土刀从击实筒中取出试样。

（7）其他：凡士林、喷水设备等。

三、试验步骤

1. 试样制备

试样制备分为干法和湿法两种。

（1）干法：用四分法取代表性土样 20kg（重型击实为 50kg），风干碾碎，过 5mm（重型击实过 20mm 或 40mm）筛，将筛下土样拌匀，并测定土样的风干含水率。根据土的塑限预估最优含水率，并按以相邻 2 个含水率的差值为 2%的标准，制备 5 个不同含水率的一组试样。

一般取 5 组含水率为 2 个大于塑限、2 个小于塑限、1 个接近塑限的试样。

（2）湿法：取天然含水率的代表性土样 20kg（重型为 50kg），碾碎，过 5mm 筛（重型击实过 20mm 或 40mm），将筛下土样拌匀，并测定土样的天然含水率。根据土样的塑限预估最优含水率，选择至少 5 个不同含水率的土样，分别将天然含水率的土样风干或加水进行制样。

2. 击实

（1）连接击实筒和底座，安装护筒，并在击实筒内壁均匀涂抹一薄层凡士林。称取一定量试样，倒入击实筒内，分层击实，轻型击实试样为 2～5kg，分 3 层，每层击 25 击；重型击实试样为 4～10kg，分 5 层，每层击 56 击。每层试样高度宜相等，两层交界处的土面应刨毛。击实完成时，超出击实筒顶的试样高度不大于 6mm。

（2）卸护筒，用直刮刀修平试样，拆底板，修平试样底部，称筒与试样的总质量，精确至 1g，计算该试样的湿密度。

（3）用推土器将试样从击实筒中推出，取 2 个代表性试样测定含水率。

（4）依次重复步骤（1）～（3），测定其余 4 组试样。

四、试验数据处理

1. 计算干密度

$$\rho_i=\frac{m_i}{V} \tag{1-34}$$

$$\rho_{di}=\frac{\rho_i}{1+0.01w_i} \tag{1-35}$$

式中 m_i——第 i 组试验土样击实后土的质量，g；

V——击实桶的体积，cm^3；

ρ_{di}——第 i 组试验土样的干密度，g/cm^3；

ρ_i——第 i 组试验土样的湿密度，g/cm^3；

w_i——第 i 组试验土样的含水率，%。

2. 绘制干密度和含水率的关系曲线

在标准坐标纸上，以 w_i 为横坐标，ρ_{di} 为纵坐标绘制 ρ_{di}-w_i 关系曲线（图 1-17）。并取该曲线的峰值点对应的纵坐标为击实试样的最大干密度，相应的横坐标为击实试样的最优含水率。

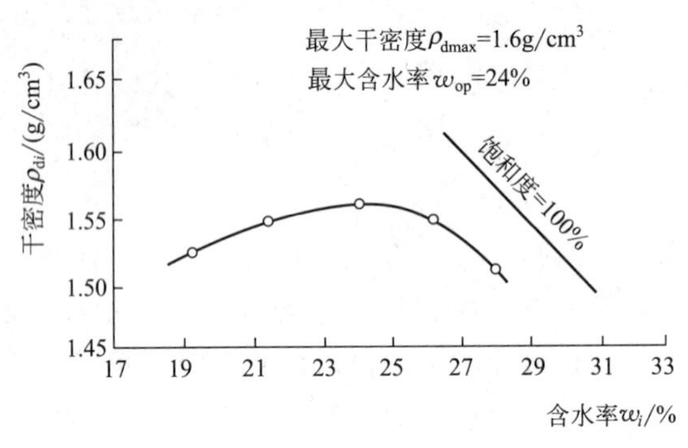

图 1-17 ρ_{di}-w_i 关系曲线

五、试验注意事项

（1）制备土样时，保证试验土样含水量的均匀性；

（2）击实过程要注意安全，防止击实锤倾倒或掉落；

（3）尽量取击实后土样中心部分的样品，进行含水量的测定。

六、试验记录表格（表 1-24）

表 1-24 击实试验记录

土样编号________ 土粒相对密度________ 试验类别________

试验仪器________ 每层击数________ 风干含水率________

试验时间________ 试验班级________ 试验组成员________

试验序号	干密度					含水率							
	筒+土质量/g	筒质量/g	湿土质量/g	密度/(g/cm^3)	干密度/(g/cm^3)	盒号	盒+湿土质量/g	盒+干土质量/g	盒质量/g	水的质量/g	干土质量/g	含水率/%	平均含水率/%
	(1)	(2)	(3)=	(4)=	(5)=		(6)	(7)	(8)	(9)=	(10)=	(11)=	(12)
			(1)−(2)	$\frac{(3)}{V}$	$\frac{(4)}{1+0.01(12)}$					(6)−(7)	(7)−(8)	$\frac{(9)}{(10)}\times100$	
1													
2													

续表

试验序号	干密度					含水率							
	筒+土质量/g	筒质量/g	湿土质量/g	密度/(g/cm³)	干密度/(g/cm³)	盒号	盒+湿土质量/g	盒+干土质量/g	盒质量/g	水的质量/g	干土质量/g	含水率/%	平均含水率/%
	(1)	(2)	(3)=(1)−(2)	(4)=$\frac{(3)}{V}$	(5)=$\frac{(4)}{1+0.01(12)}$		(6)	(7)	(8)	(9)=(6)−(7)	(10)=(7)−(8)	(11)=$\frac{(9)}{(10)}\times100$	(12)
3													
4													
5													

任务九　土的压缩特性测试试验

知识目标

通过工学任务的学习，掌握土体发生压缩的本质；熟悉固结仪进行压缩特性测试的原理。

能力目标

通过工学任务的学习和训练，掌握试验仪器的安装方法；掌握压缩系数、压缩指数、压缩模量的计算方法；掌握判断土体压缩等级的方法；能熟练掌握判断土体固结程度的方法。

一、试验原理及方法

土体的压缩性是指土在受到外力作用下体积缩小的能力，这也是土体发生沉降的主要原因。饱和土体在外力作用下发生体积缩小的过程，也是孔隙缩小和排水的过程，即饱和土体发生渗透固结的过程。在室内，天然土体或饱和土体的压缩特性通常采用杠杆式固结仪试验进行测定。

杠杆式固结仪是用砝码通过杠杆加垂直压力（一般为0.4～0.6MPa），该方法方便，测量简单。试验时，根据不同的工程需要选择不同的上部压力；压缩过程中根据稳定时间标准的不同分为稳定压缩和快速压缩两种。

稳定压缩是在本级荷载稳定24h后，记录稳定时的压缩变形量后施加下一级荷载；而快速压缩则是在本级加荷1h后，记录本级压缩变形量后施加下一级荷载。

二、试验仪器设备

（1）固结仪：由环刀、护环、透水板、水槽、加压上盖组成（图1-18）。

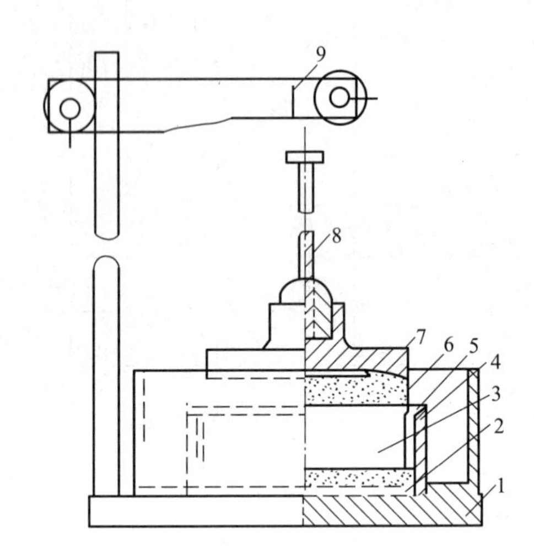

图1-18 固结仪示意图

1—水槽；2—护环；3—试样；4—环刀；5—导环；6—透水板；
7—加压上盖；8—位移计导杆；9—位移计架

（2）加压设备。

（3）变形量测设备：量程10mm，最小分度值为0.01mm的百分表。

（4）其他：取土设备、滤纸等。

三、试验步骤

（1）用环刀切取试验土样，测定试样的含水率、密度以及土粒密度。

（2）将用环刀切下的土样放入固结容器内，放置时土样上下面各放一张滤纸，以保证土体在压力的作用下进行正常排水试验。安装加压框架对中加压盖，安装百分表或位移传感器。

（3）施加预压力，使试样与仪器上下各部件之间接触，调整百分表或传感器到零读数位。

（4）通常压力等级为12.5kPa、25kPa、50kPa、100kPa、200kPa、400kPa、800kPa、1600kPa、3200kPa。第一级压力可视土的软硬程度而定，一般采用12.5kPa、25kPa或50kPa。最后一级压力应大于土的自重压力与附加压力之和。

需要测定沉降速率、固结系数时，施加每一级压力按时间为6s、15s、1min、2min15s、4min、6min15s、9min、12min15s、16min、20min15s、25min、30min15s、36min、42min15s、49min、64min、100min、200min、400min、23h、24h记录沉降量，至稳定为止。

若不需要测定沉降速率时，稳定压缩试验则在本级荷载稳定24h后，记录稳定时的压缩变形量后施加下一级荷载；而快速压缩则是在本级加荷1h后，记录本级压缩变形量后施加下一级荷载。

（5）试验结束后拆除仪器各部件，取出整块试样，按试验要求可测定试验后土样的含水率。

四、试验成果整理

1. 计算试样的初始孔隙比 e_0

$$e_0=\frac{G_s\rho_w(1+w_0)}{\rho_0}-1 \tag{1-36}$$

式中　G_s——土粒相对密度；

ρ_w——水的密度，g/cm³；

w_0——试样起始含水率，%；

ρ_0——试样起始密度，g/cm³。

2. 计算各级压力下试样固结稳定后的单位沉降量

$$e_i=e_0-(1+e_0)\frac{\sum\Delta h_i}{h_0} \tag{1-37}$$

式中　$\sum\Delta h_i$——在某一荷重下试样压缩稳定后的总变形量，其值等于该荷重下压缩稳定后的量表读数减去仪器变形量，mm；

h_0——试样起始高度，即环刀高度，mm。

3. 计算在某一压力范围内的压缩系数、压缩模量、压缩指数

压缩系数

$$a_v=\frac{e_i-e_{i+1}}{p_{i+1}-p_i} \tag{1-38}$$

式中　a_v——压缩系数，MPa^{-1}；

e_i，e_{i+1}——第 i 级、第 $i+1$ 级压力下的孔隙比；

p_i，p_{i+1}——第 i 级、第 $i+1$ 级压力，MPa。

压缩模量

$$E_s=\frac{1+e_i}{a_v} \tag{1-39}$$

式中　E_s——某压力范围内的压缩模量，MPa；

e_i——p_i 对应的孔隙比；

a_v——压缩系数，MPa^{-1}。

压缩指数

$$C_c=\frac{e_i-e_{i+1}}{\lg p_{i+1}-\lg p_i} \tag{1-40}$$

式中　C_c——压缩指数；

e_{i+1}——p_{i+1} 对应的孔隙比。

4. 绘制 *e-p* 关系曲线

以孔隙比为纵坐标，压力为横坐标绘制孔隙比与压力的关系曲线。如图 1-19 所示。

5. 确定软土的先期固结压力

在 e-$\lg p$ 曲线上找出曲率半径最小的点 A（见图 1-20），过 A 点做水平线 $A1$、切线 $A2$、

$\angle 1A2$ 的平分线 $A3$。$A3$ 与曲线下段直线段的延长线交于点 B，B 点对应的压力值即为该原状软土的先期固结压力。

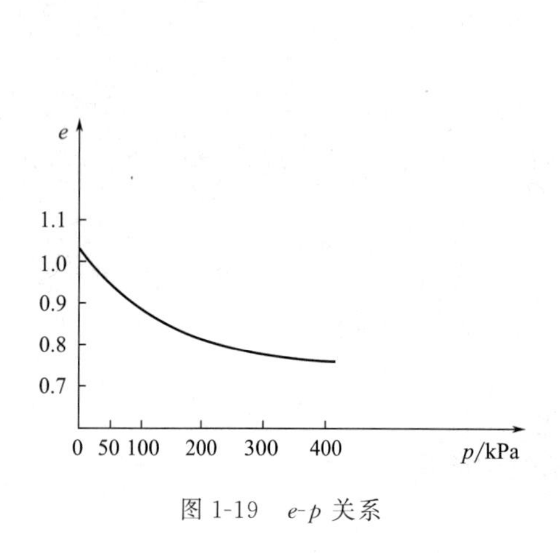

图 1-19 e-p 关系

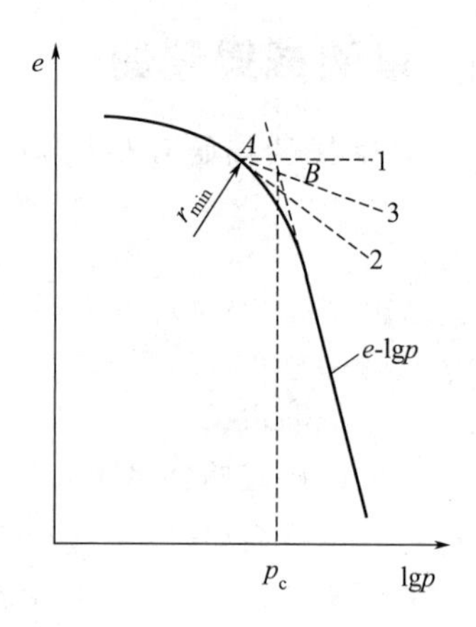

图 1-20 e—$\lg p$ 曲线

6. 确定软土的固结系数

（1）时间平方根法：在某一级压力下，以试样的变形量作为纵坐标，时间平方根作为横坐标，绘制试样变形量与时间平方根关系曲线（图 1-21）。延长曲线开始段的直线，与纵坐标交于理论零点 d_0；过点 d_0 做另一直线，与横坐标交于前一直线横坐标的 1.15 倍，则后一直线与 d-$\sqrt{t}$ 曲线交点所对应的时间的平方即为该试样固结度达 90% 所需的时间 t_{90}。

$$C_v = \frac{0.848H^2}{t_{90}} \tag{1-41}$$

式中 C_v——固结系数，cm^2/s；

H——最大排水距离，等于该级压力下试样的初始和终了高度的平均值的一半，cm。

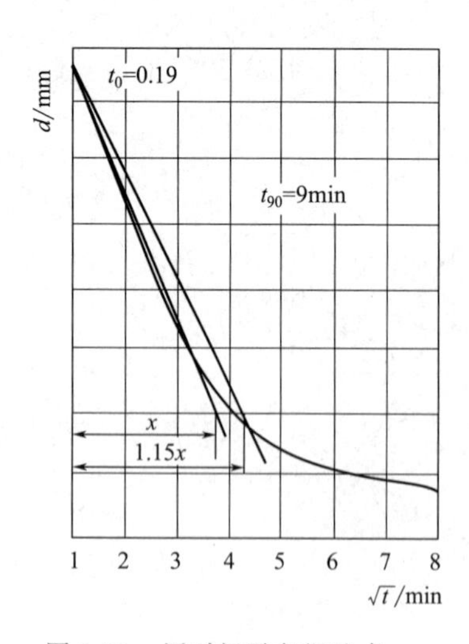

图 1-21 用时间平方根法求 t_{90}

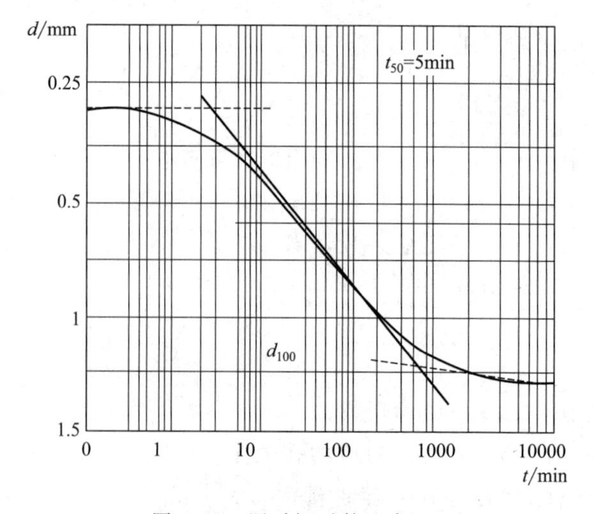

图 1-22 用时间对数法求 t_{50}

（2）时间对数法：对某一级压力，以试样的变形量作为纵坐标，以时间的对数作为横坐标，绘制试样变形量与时间对数关系曲线（图 1-22）。在关系曲线的开始段，选任一时间

t_1，查得对应变形量 d_1，再取时间 $t_2=t_1/4$，查得对应的变形量 d_2，则 $2d_2-d_1$ 即为 d_{01}；依法求得 d_{02}、d_{03}、d_{04} 等，取其平均值为理论零点 d_0，延长曲线中部的直线段和通过曲线尾部点切线的交点即为理论终点 d_{100}，则 $d_{50}=(d_0+d_{100})/2$，d_{50} 对应的时间即为试样固结度达 50%所需的时间 t_{50}。

$$C_v=\frac{0.197H^2}{t_{50}} \tag{1-42}$$

五、试验注意事项

（1）试验以 2 人为一个小组进行，每人应有明确分工，以保证试验的正常进行；

（2）注意安装土样时，环刀和土样一同安装在土样盒中，并且在土样上下面各放置一张滤纸；

（3）调节仪器时，注意杠杆和百分表要有一定的测量空间，试验前要调零百分表，并记录小指针的初始位置；

（4）试验中，注意每级荷载对应的砝码重量，固结可以稳定 1h 后加下一级荷载。

（5）要以科学的态度进行试验数据处理，字迹清楚、图表整洁。

六、试验记录表格（表 1-25）

表 1-25　固结试验记录

试样编号________　土样面积 30cm²　试样土粒密度________　试样密度________
试样天然含水量________　试验时间________　试验班级________　试验组成员________

经过时间/min	压力/kPa									
	12.5	25	50	100	200	300	400	800	1600	2000
	读数	读数	读数	读数	读数	读数	读数	读数	读数	读数
0.25										
1										
2.25										
4										
6.25										
9										
12.25										
16										
20.25										
25										
30.25										
36										
42.25										

续表

经过时间/min	压力/kPa									
	12.5	25	50	100	200	300	400	800	1600	2000
	读数	读数	读数	读数	读数	读数	读数	读数	读数	读数
60										
23h										
24h										
总变形/mm										

任务十 软土剪切特性测试试验

知识目标

通过工学任务的学习，掌握剪切特性测试试验分类；掌握直接剪切试验、三轴剪切试验和无侧限抗压强度试验的试验原理；掌握直接剪切试验和三轴剪切试验的区别；熟悉快剪法、慢剪法和固结快剪法的试验原理。

能力目标

通过工学任务的学习和训练，掌握应变式直剪仪的安装方法；熟悉直剪仪剪应力的施加方法；掌握三轴试验中快剪法、慢剪法和固结快剪法的试验操作；掌握无侧限抗压强度仪的使用要点；掌握 c 值和 φ 值的实验室计算方法。

在外荷载的作用下地基中将产生剪应力和剪切变形，同时土体具有抵抗剪切变形的能力。当剪应力达到最大值时，土体处于极限状态。一旦剪应力超过了极限值，土体将发生剪切破坏。这一极限剪应力土力学中称之为土的抗剪强度。

由莫尔-库伦强度理论可知，土体的抗剪强度由土的抗剪强度指标黏聚力 c 值和内摩擦角 φ 值确定。c 值和 φ 值是评价土体剪切特性的重要参数，是评价土体工程性质和稳定性的重要指标。

工程上，测定土的 c 值和 φ 值的试验方法有直接剪切试验、三轴剪切试验、无侧限抗压强度试验等。

一、直接剪切试验

（一）试验原理

直接剪切试验是测定软土抗剪强度的一种常用方法，试验原理是根据库仑定律，在有侧限的条件下，测定软土在不同法向压力作用下，被剪切破坏时的剪切应力，并进一步确定抗剪强度指标 c 值和 φ 值。

直接剪切试验包括慢剪试验、固结快剪试验和快剪试验。

慢剪试验适用于细粒土，即在试样上施加法向压力，使试样充分排水固结后，再施加水平剪切力；每次施加水平剪切力后，需要稳定一段时间，待孔隙水压力完全消散后，再施加下一级水平剪切力。

固结快剪试验适用于渗透系数小于10^{-6}cm/s的细粒土，即在试样上施加法向压力，使试样充分排水固结后，立即施加水平剪切力，以（0.8～1.2）mm/min的速率剪切，试样一般在3～5min内被剪坏。

快剪试验适用于渗透系数小于10^{-6}cm/s的细粒土。试验时在试样上施加法向压力后，立即施加水平剪切力，以（0.8～1.2）mm/min的速率剪切，试样一般在3～5min内被剪坏。

（二）试验仪器设备

（1）应变控制式直剪仪（见图1-23）；

（2）其他：环刀（$R=61.8$mm，$H=20$mm），百分表，滤纸、天平、秒表、推土器等。

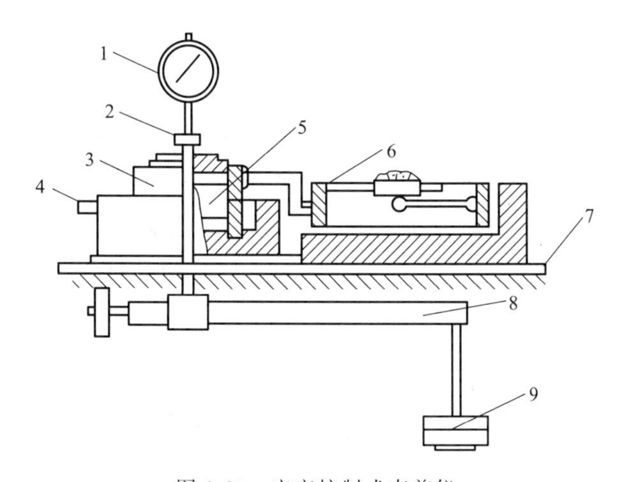

图1-23　应变控制式直剪仪

1—垂直变形百分表；2—垂直加压框架；3—剪切盒；4—推动座；5—试样；6—测力计；7—台板；8—杠杆；9—砝码

（三）试验步骤

（1）用环刀取出原状土试样，一组至少四个平行试样。

（2）对准剪切容器上下盒，插入固定销钉，在下盒内放透水石和滤纸，将带有试样的环刀刃口向上，对准剪切盒口，在试样上放滤纸和透水石，将试样推入剪切盒中。

（3）安装加压框架、垂直位移、水平位移测量装置，调零或记录初始读数。

（4）根据试验要求施加各级垂直压力。每组四个试样，分别在四种不同的垂直压力下进行剪切。教学上，一般取四个垂直压力分别为100kPa、200kPa、300kPa、400kPa。施加垂直压力后，每1h测读垂直变形一次。直至试样固结变形稳定。变形稳定标准为每小时不大于0.005mm（慢剪试验和固结快剪试验需要此步骤）。

（5）拔去固定销，以小于0.02mm/min（其中固结快剪试验和快剪试验以0.8mm/min）的剪切速度进行剪切，或以4～6转/min的均匀速率旋转手轮（在教学中可采用每分钟6转）。使试样在3～5min内被剪坏。如测力计中的量表指针不再前进，或有显著后退，表示试样已经被剪坏。一般当剪切至变形达4mm时，若量表指针再继续增加，则剪切变形应达6mm为止，此时即可停止剪切。

（6）剪切结束后，倒转手轮，快速移去垂直压力、框架等，取出试样，继续下一个试样。

（四）试验成果整理

（1）剪应力应按式(1-43)计算：

$$\tau = CR \tag{1-43}$$

式中 τ——试样所受的剪应力，MPa/0.01mm；

C——测力计率定系数，N/0.01mm；

R——量力环测微表读数，0.01mm。

（2）以抗剪强度为纵坐标，垂直压力为横坐标，绘制抗剪强度与垂直压力关系曲线（图1-24），直线的倾角为摩擦角，直线在纵坐标上的截距为黏聚力。

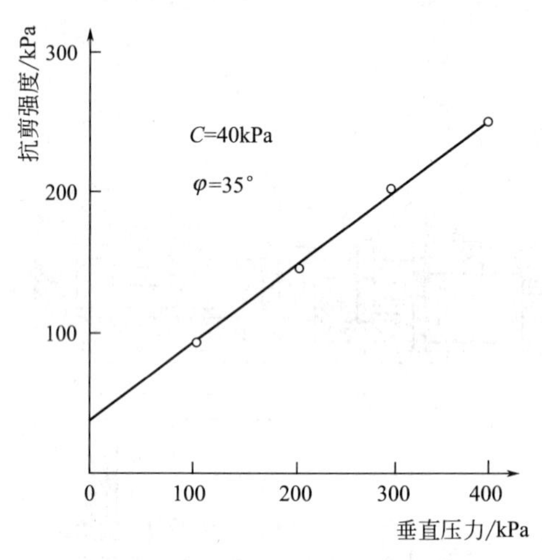

图1-24 抗剪强度-垂直压力曲线

（五）试验注意事项

（1）安装试样时，注意取下环刀，剪切开始前一定要取下销钉；

（2）保证四个试样在相同的剪切速率下剪切；

（3）试验结束后，应先取下施加垂直荷载的砝码，再取出试样。

（六）试验记录表格（表1-26）

表1-26 直接剪切试验记录

试样编号________ 仪器编号________ 试样说明________

测力计率定系数 C________ 试验方法________ 手轮转数________

试验时间________ 试验班级________ 试验组成员________

仪器编号	垂直压力 σ/kPa	测力计读数 R/0.01mm	抗剪强度 τ_f/kPa

续表

仪器编号	垂直压力 σ/kPa	测力计读数 R/0.01mm	抗剪强度 τ_f/kPa

二、三轴剪切试验

（一）试验原理

三轴剪切试验也是剪切试验的一种常用的方法。该方法不同于直接剪切试验，它是通过测定软土在剪切过程中应力和应变的变化规律，间接获得软土抗剪强度的一种重要方法。本试验方法适用于细粒土和粒径小于 20mm 的粗粒土。本试验必须制备 3 个以上性质相同的试样，在不同的周围压力下进行试验。周围压力一般根据工程实际荷重确定。对于填土，最大一级周围压力应该与最大的实际荷重大致相等。

根据排水条件的不同，分为不固结不排水剪（UU）试验、固结不排水剪（CU）试验和固结排水剪（CD）试验。

不固结不排水剪（UU）试验，是在整个施加周围压力和轴向压力试验过程中，排水阀均关闭，直到试样剪切破坏，可测得抗剪强度指标 c_{uu} 和 φ_{uu}。

固结不排水剪（CU）试验，是在施加周围压力时，打开排水阀，让试样充分排水固结后，关闭排水阀，在不排水条件下施加轴向压力，直至试样剪切破坏，可测得抗剪强度指标 c_{cu} 和 φ_{cu}。

固结排水剪（CD）试验，是在施加周围压力时，打开排水阀，让试样充分排水固结后，打开排水阀，在排水条件下施加轴向压力，直至试样剪切破坏，可测得抗剪强度指标 c_{cd} 和 φ_{cd}。

（二）试验仪器设备

（1）应变控制式三轴仪（见图 1-25）。

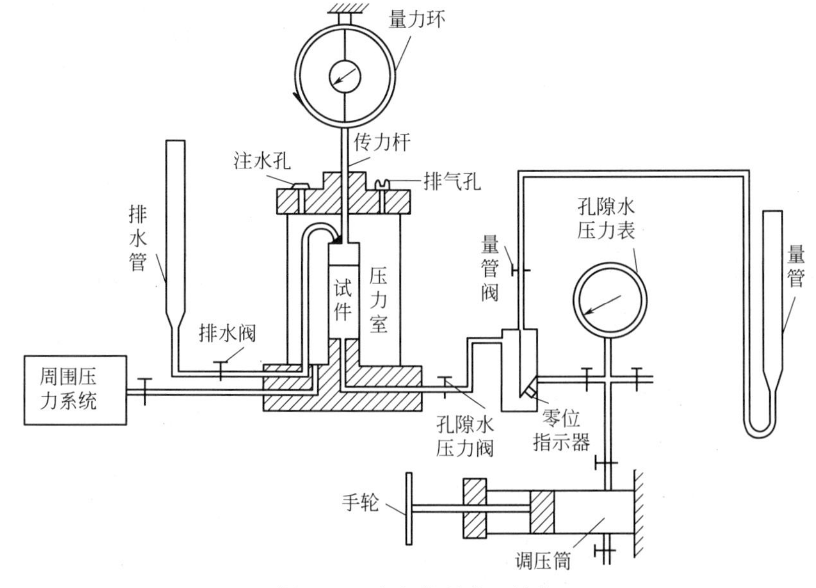

图 1-25　应变控制式三轴仪

（2）制样设备：包括击样器、饱和器、切土器、原状土分样器、切土盘、承膜筒和对开圆膜，如图1-26～图1-30所示。

（3）其他：天平、橡皮膜、透水板等。

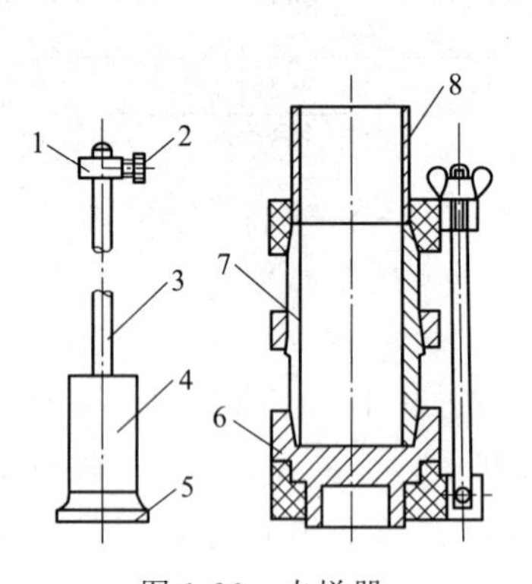

图1-26　击样器

1—套环；2—定位螺丝；3—导杆；4—击锤；5—底板；6—底座；7—击样筒；8—套筒

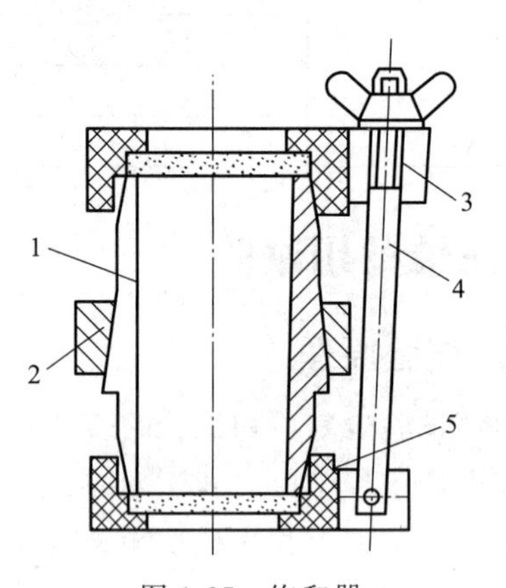

图1-27　饱和器

1—圆膜（8片）；2—紧箍；3—夹板；4—校杆；5—透水板

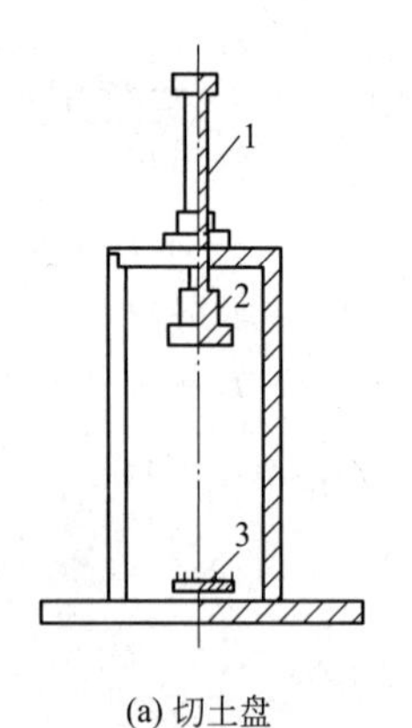

(a) 切土盘

1—轴；2—上盘；3—下盘

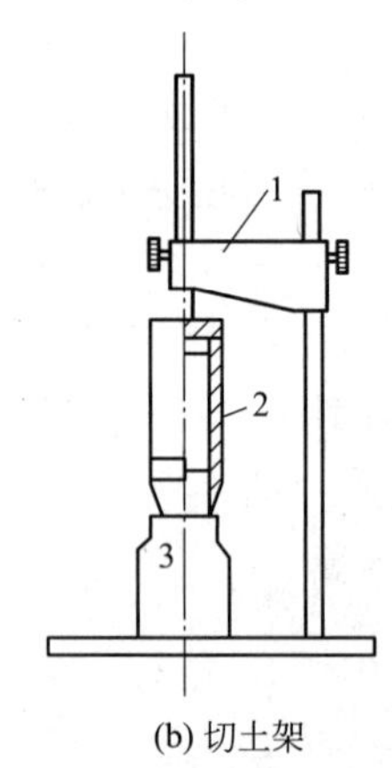

(b) 切土架

1—切土架；2—切土器；3—土样

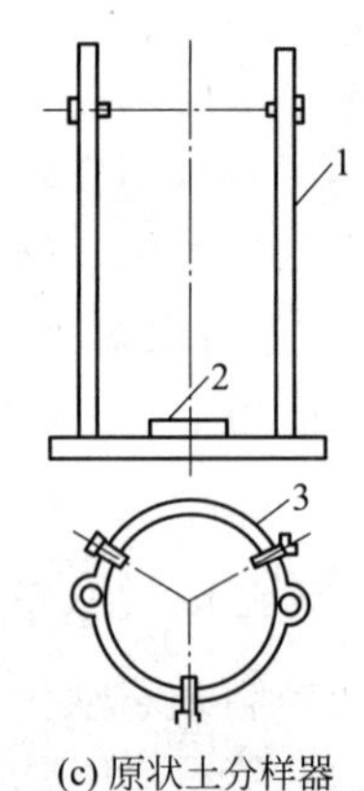

(c) 原状土分样器

1—滑杆；2—底盘；3—钢丝架

图1-28　原状土切土盘、分样器

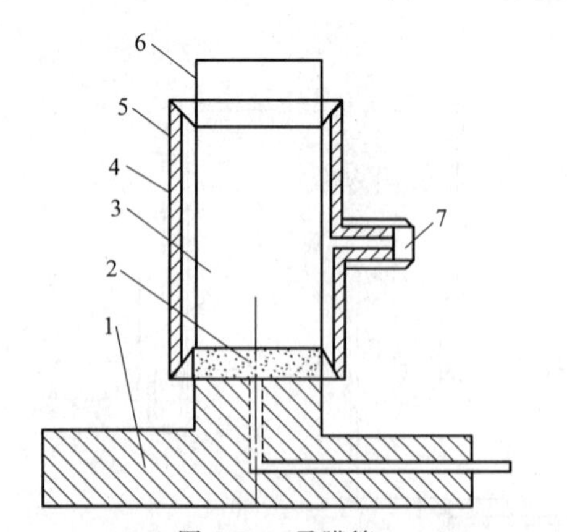

图1-29　承膜筒

1—压力室底座；2—透水板；3—试样；4—承膜筒；5—橡皮膜；6—上帽；7—吸气孔

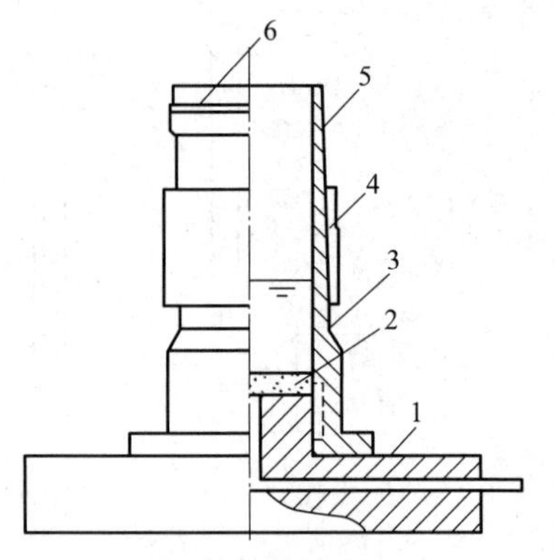

图1-30　对开圆膜

1—压力室底座；2—透水板；3—制作圆膜；4—紧箍；5—橡皮膜；6—橡皮圈

（三）试验步骤

（1）制备试样

用钢丝锯或削土刀取 ϕ39.1mm 的试样，然后两端削平后放入装好橡皮膜的承膜筒中，在试样上下面各放一块透水石，装入饱和器中让试样充分饱和。

对制备好的试样，量测其直径和高度。试样的平均直径按式(1-44）计算：

$$D_0=\frac{D_1+2D_2+D_3}{4} \tag{1-44}$$

式中　D_1，D_2，D_3——分别为试样上、中、下部位的直径，mm。

试样饱和一般选用抽气饱和的方法进行。首先将试样装入饱和器内，再将装有试样的饱和器放入真空缸内，盖紧盖子，启动抽气机抽气。当真空压力表读数接近当地一个大气压力值时（抽气时间不少于 1h），打开管夹，往真空缸中注入清水，并保持真空压力表读数不变。待水淹没饱和器后停止抽气。打开管夹，使空气进入真空缸，静置一段时间（细粒土一般为 10h），使试样充分饱和。打开真空缸，从饱和器内取出带环刀的试样，称环刀和试样的总质量，计算饱和度。若饱和度低于 95%，则应继续抽气饱和（图 1-31）。

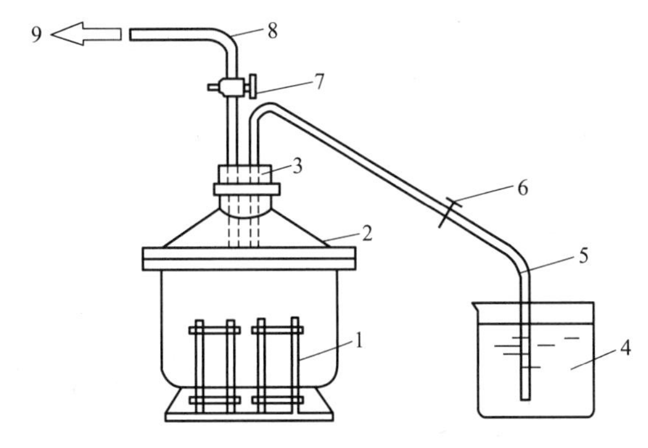

图 1-31　真空饱和装置

1—饱和器；2—真空缸；3—橡皮塞；4—盛水器；5—引水管；6—管夹；7—二通阀；8—排气管；9—抽气机

（2）试样安装

① 按照不透水板、试样、不透水试样帽的顺序，把试样放在压力室的底座上，并将橡皮膜用承膜筒套在试样外，用橡皮圈将橡皮膜两端与底座及试样帽分别扎紧。

② 将活塞对准试样中心，拧紧底座连接螺母，向压力室内注满蒸馏水。待压力室顶部排气孔有水溢出时，拧紧排气孔。

③ 调节手轮，让试样帽和活塞、测力计接触，安装并调零变形指示计。

④ 关闭排水阀，打开周围压力阀，施加围压。

（3）固结排水

调节压力阀，使得孔隙水压力表读数接近试验的周围压力，打开排水阀，并测定孔隙水压力的变化，当孔隙水的消散度达到 95%时，完成排水固结，可进行剪切试样。

（4）剪切试样

① 不固结不排水剪切

a. 剪切应变速率一般为每分钟应变0.5%～1.0%。

b. 试样每产生0.3%～0.4%的轴向应变（或0.2mm变形值）记录一次测力计读数和轴向变形值。当轴向应变大于3%时，试样每产生0.7%～0.8%的轴向应变（或0.5mm变形值）记录一次。

c. 当测力计读数出现峰值时，剪切应继续进行到轴向应变为15%～20%。

d. 剪切结束，关闭电动机和周围压力阀，打开离合器，转动手轮，将压力室降下，打开排气孔，排除压力室内的水，取出试样并描述试样破坏形状，称试样的质量，并测定试样含水率。

② 固结不排水剪切

a. 剪切应变速率，黏土宜为每分钟应变0.05%～0.1%；粉土为每分钟应变0.1%～0.5%。

b. 将测力计、轴向变形指示计及孔隙水压力读数均调零。

c. 启动电动机，合上离合器，开始剪切。记录测力计、轴向变形指示计、孔隙水压力读数。

d. 剪切结束，关闭电动机和周围压力阀，打开离合器，转动手轮，将压力室降下，打开排气孔，排除压力室内的水，取出试样并描述试样破坏形状，称试样的质量，并测定试样含水率。

③ 固结排水剪切

a. 剪切应变速率，黏土一般采用每分钟应变0.003%～0.012%。

b. 将测力计、轴向变形指示计及孔隙水压力读数调零。

c. 启动电动机，合上离合器，开始剪切。记录测力计、轴向变形指示计和孔隙水压力读数。

d. 剪切结束，关闭电动机和周围压力阀，打开离合器，转动手轮，将压力室降下，打开排气孔，排除压力室内的水，取出试样并描述试样破坏形状，称试样的质量，并测定试样含水率。

（四）试验数据处理

(1) 不固结不排水剪切试验

① 轴向应变

$$\varepsilon_1=\frac{\Delta h_1}{h_0}\times 100\% \tag{1-45}$$

式中 ε_1——轴向应变，%；

Δh_1——剪切过程中试样的高度变化，mm；

h_0——试样初始高度，mm。

② 校正试样面积 A_1

$$A_1=\frac{A_0}{1-\varepsilon_1} \tag{1-46}$$

式中 A_1——试样的校正断面积，cm^3；

A_0——试样的初始断面积，cm^3。

③ 计算主应力差

$$\sigma_1-\sigma_3=\frac{CR}{A_1}\times 10 \tag{1-47}$$

式中 $\sigma_1-\sigma_3$——主应力差，kPa；

σ_1——大主应力，kPa；

σ_3——小主应力，kPa；

C——测力计率定系数，N/0.01mm；

R——量力环测微表读数，0.01mm；

10——单位换算系数。

④ 以剪应力为纵坐标，法向应力为横坐标，在横坐标轴以破坏时的$\frac{\sigma_{1f}+\sigma_{3f}}{2}$为圆心，以$\frac{\sigma_{1f}-\sigma_{3f}}{2}$为半径，在 τ-σ 应力平面上绘制破损应力圆，并绘制不同周围压力下破损应力圆的包线，求出不排水强度参数（图 1-32）。

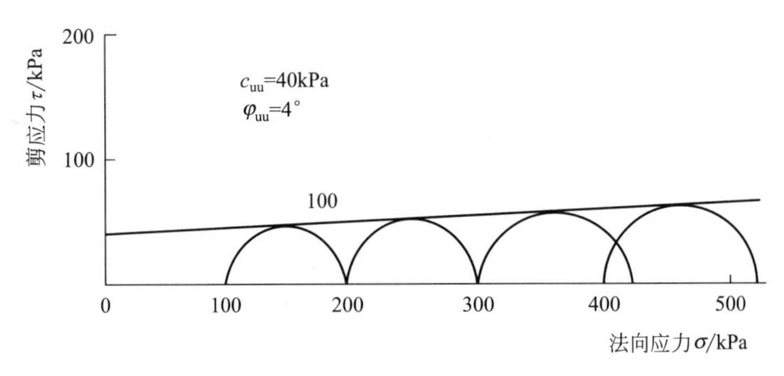

图 1-32 不固结不排水剪切强度包络线

（2）固结不排水剪切试验

① 试样固结后的高度 h_c

$$h_c=h_0\left(1-\frac{\Delta V}{V_0}\right)^{\frac{1}{3}} \tag{1-48}$$

式中 h_c——试样固结后的高度，cm；

ΔV——试样固结后与固结前的体积变化，cm^3。

② 试样固结后的断面积 A_c

$$A_c=A_0\left(1-\frac{\Delta V}{V_0}\right)^{\frac{2}{3}} \tag{1-49}$$

式中 A_c——试样固结后的断面积，cm^3。

③ 试样面积的校正 A_2

$$A_2=\frac{A_0}{1-\varepsilon_1} \tag{1-50}$$

ε_1的计算见式(1-45)。

④ 以主应力差或有效主应力比的峰值作为破坏点，无峰值时，以有效应力路径的密集点或轴向应变 15%时的主应力差值作为破坏点，绘制破损应力圆及不同周围压力下的破损

应力圆包线，并求出总应力强度参数；有效内摩擦角和有效黏聚力应以$\frac{\sigma'_1+\sigma'_3}{2}$为圆心，$\frac{\sigma'_1-\sigma'_3}{2}$为半径绘制有效破损应力圆（图 1-33）。

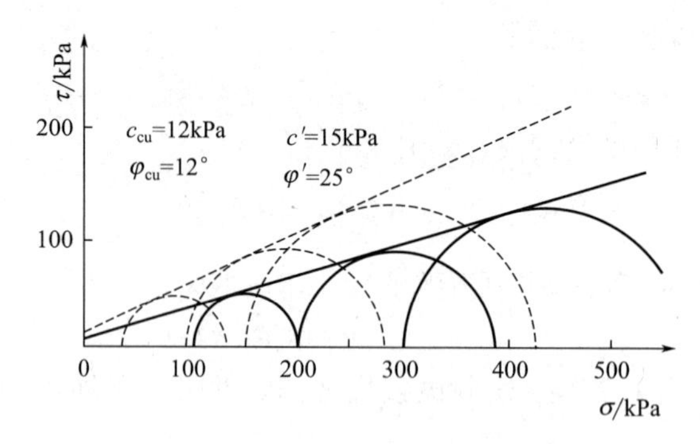

图 1-33 固结不排水剪切强度包络线

（3）固结排水剪切试验

① 校正剪切时的试样面积 A_3

$$A_3=\frac{V_c-\Delta V_1}{h_c-\Delta h_1} \tag{1-51}$$

式中 ΔV_1——剪切过程中试样的体积变化，cm^3；

Δh_1——剪切过程中试样的高度变化，cm^3。

② 绘制莫尔应力圆（图 1-34），并画出莫尔应力圆的公切线以得到抗剪强度包线，进而得出土样的有效内摩擦角和有效黏聚力。

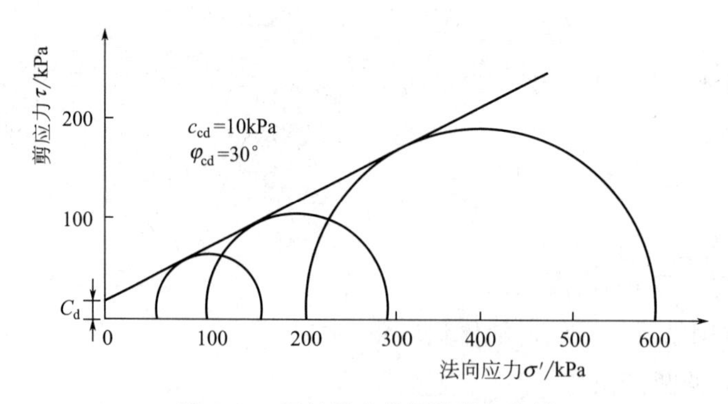

图 1-34 固结排水剪切强度包络线

（五）试验注意事项

（1）试验以 2 人为一个小组进行，每人应有明确分工，以保证试验的正常进行；

（2）安装仪器时注意位移测量计应留有一定的量程；

（3）试验前应保证孔隙水压力量测系统内的气泡完全排除；加压与排水管路应畅通，各连接处无漏水；

（4）橡皮膜在使用前需仔细检查，防止漏水影响试验结果；

（5）试验后立即拆除仪器，排除仪器中的水，以备再用；

（6）要以科学的态度进行试验数据处理，字迹清楚、图表整洁。

（六）试验记录表格（表 1-27～表 1-29）

表 1-27 不固结不排水剪切三轴试验记录

试样深度__________ 试验方法__________ 钢环系数__________

试样含水量__________ 试样密度__________

试验时间__________ 试验班级__________ 试验组成员__________

围压 p/kPa	剪切速率 /(mm/min)	校正面积 A_1 /cm^3	钢环读数 /0.01mm	轴向应变 ε_1 /%	$\sigma_1-\sigma_3$ /kPa

表 1-28 固结不排水剪切三轴试验记录

试样深度__________ 试验方法__________ 钢环系数__________

试样含水量__________ 试样密度__________

试验时间__________ 试验班级__________ 试验组成员__________

反压力饱和				固结排水					
围压 p/kPa	反压力 /kPa	孔隙水压力 /kPa	孔隙水 压力增量	围压 p/kPa	反压力 /kPa	孔隙水压力 /kPa	经过时间 /min	量管读数 /mL	溢出水量 /mL

不排水剪切														
围压 p/kPa	剪切速率 /(mm/min)	反压力 /kPa	轴向变形 /0.01mm	轴向应变 ε_1/%	校正面积 A_2	钢环读数 /0.01mm	$\sigma_1-\sigma_3$/kPa	孔隙水压力 /kPa	σ'_1 /kPa	σ'_3 /kPa	σ'_1/σ'_3	$\frac{\sigma'_1-\sigma'_3}{2}$ /kPa	$\frac{\sigma'_1+\sigma'_3}{2}$ /kPa	

表 1-29 固结排水剪切三轴试验记录

试样深度__________ 试验方法__________ 钢环系数__________

试样含水量__________ 试样密度__________

试验时间__________ 试验班级__________ 试验组成员__________

反压力饱和				固结排水					
围压 p/kPa	反压力 /kPa	孔隙水压力 /kPa	孔隙水压 力增量	围压 p/kPa	反压力 /kPa	孔隙水压力 /kPa	经过时间 /min	量管读数 /mL	溢出水量 /mL

续表

排水剪切														
围压 p/kPa	剪切速率/(mm/min)	反压力/kPa	轴向变形/0.01mm	轴向应变 ε_1/%	校正面积 A_3	钢环读数/0.01mm	$\sigma_1-\sigma_3$/kPa	$\frac{\varepsilon_1}{\sigma_1-\sigma_3}$	量管读数/cm^3	剪切排水量/cm^3	体应变 $\varepsilon_v=\frac{\Delta V}{V_c}$/%	径向应变 $\varepsilon_r=\frac{\varepsilon_v-\varepsilon_a}{2}$/%	应力比 $\frac{\sigma_1'}{\sigma_3'}$

三、无侧限抗压强度测试试验

（一）试验原理

本试验方法适用于饱和黏土，即在侧向没有压力的条件下测定软土的抗压强度。

根据试验结果，做出一个莫尔应力圆（$\sigma_1=q_u$，$\sigma_3=0$），对于一般黏土很难做出破坏包线。而饱和黏土根据在三轴不固结不排水试验的结果，其破坏包线近于一条水平线。此时，取 $\varphi=0$，则由无侧限抗压强度测试试验所得的极限应力圆的水平切线就是破坏包线，得 $\tau_f=c_u=q_u/2$。

（二）试验仪器设备

应变控制式无侧限压缩仪（图 1-35）、百分表、天平等。

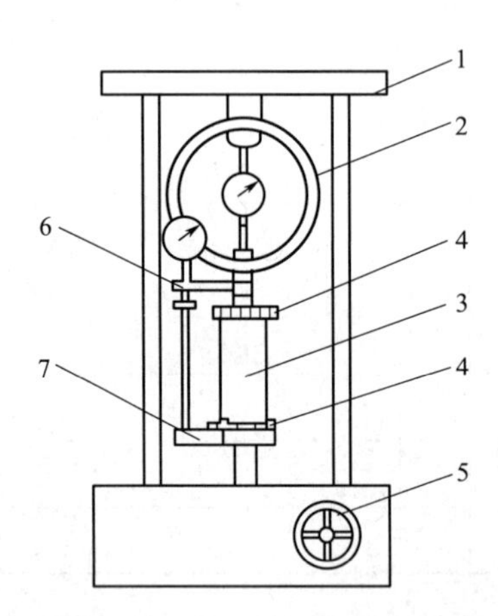

图 1-35　应变控制式无侧限压缩仪

1—轴向加荷架；2—轴向测力计；3—试样；4—上、下传压板；5—手轮；6—轴线位移计；7—升降板

（三）试验步骤

（1）原状土试样制备和三轴剪切试验相似。试样直径宜为 35～50mm，高度与直径之比宜为 2.0～2.5，一组试验至少需要 4 组原状试样和 4 组重塑试样。

（2）试样两端抹一薄层凡士林，在气候干燥时，试样周围亦需抹一薄层凡士林，以防止水分蒸发。

（3）将试样放在底座上，转动手轮，使底座缓慢上升，让试样与加压板刚好接触，给测力计调零。

(4) 轴向应变速率宜为每分钟应变1%～3%。当轴向应变小于3%时，每隔0.5%应变(或0.4mm)读数一次；当轴向应变等于或大于3%时，每隔1%应变(或0.8mm)读数一次。一般在10min左右内完成试验。

(5) 当测力计读数出现峰值时，继续进行3%～5%的应变后停止试验；当测力计读数无峰值时，则试验应进行到应变达20%为止。

(6) 试验结束，取下试样，描述试样破坏后形状。

(7) 当需要测定灵敏度时，将破坏后的试样除去涂有凡士林的表面，放在塑料薄膜内用手搓捏，重塑成圆柱形，放入重塑筒内，将试样挤成与原状试样尺寸、密度相等的试样，并按(1)～(5)的步骤进行试验。

(四) 试验数据处理

(1) 轴向应变

$$\varepsilon_1=\frac{\Delta h}{h_0} \tag{1-52}$$

校正试样面积 A

$$A=\frac{A_0}{1-\varepsilon_1} \tag{1-53}$$

计算试样所受的轴向应力

$$\sigma=\frac{CR}{A}\times 10 \tag{1-54}$$

式中 σ——轴向应力，kPa；

10——单位换算系数。

(2) 以轴向应力为纵坐标，轴向应变为横坐标，绘制轴向应力与轴向应变关系曲线(图1-36)。取曲线上最大轴向应力作为无侧限抗压强度，当曲线上无峰值时，取轴向应变15%所对应的轴向应力作为无侧限抗压强度。

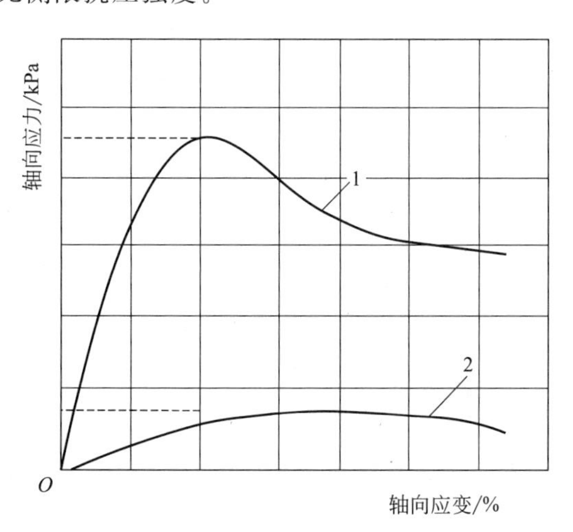

图1-36 轴向应力-轴向应变关系曲线

1—原状试样；2—重塑试样

（3）计算灵敏度

$$S_t=\frac{q_u}{q'_u} \tag{1-55}$$

式中　S_t——灵敏度；

q_u——原状试样的无侧限抗压强度，kPa；

q'_u——重塑试样的无侧限抗压强度，kPa。

（五）试验注意事项

（1）试验以 2 人为一个小组进行，每人应有明确分工，以保证试验的正常进行；

（2）保证制备出的重塑试样的密度和尺寸同原状试验一致；试样过程中保证原状试样和重塑试样的试验方法一致；

（3）尽量保证原状土样和重塑土样含水量一致；

（4）试验中施加垂直压力时，原状土样和重塑土样应保证速率一致；

（5）要以科学的态度进行试验数据处理，字迹清楚、图表整洁。

（六）试验记录表格（表 1-30）

表 1-30　无侧限抗压强度试验记录

试样编号________　量环率定系数________　试样初始高度 h_0 ________

试样面积 A_0 ______

试验时间________　试验班级________　试验组成员________

轴向变形/mm	量力环读数/0.01mm	轴向应变/%	校正面积/cm³	轴向应力/kPa	q_u/kPa	q'_u/kPa	灵敏度
(1)	(2)	$(3)=\frac{(1)}{h_0}\times100$	$(4)=\frac{A_0}{1-(3)}$	$(5)=\frac{(2)\times C}{(4)}\times10$			

项目二 软土原位测试

室内土工试验是土木工程、岩土工程和地质工程的重要内容之一。在工程建设中，无论是高层建筑、厂房，还是公路、铁路，隧道等，都依赖于岩土体的特性。然而，仅凭土工试验数据不能全面说明岩土体的力学特性，例如：当工程场地的软土处于流塑状态或灵敏度很高时，在取土（流塑状态一般无法取土）、装样、运输过程中会改变土的结构和含水率等特性，土工试验数据精确度大大降低。因此，为解决上述问题和提高试验数据的可靠性，工程建设项目会将土工试验和原位测试相结合。

原位测试是在保持岩土体天然结构、含水率以及天然应力状态下，在工程施工现场测试岩土体特性的手段。原位测试是岩土工程勘察以及施工质量检验的主要手段。相比土工试验，原位测试对软弱土层、流砂层等不易取样土层以及结构性土层有较广泛的应用。

原位测试包括定量测试方法和半定量测试方法。定量测试方法是指在理论和方法上均能形成完整体系的测试方法，例如：静力载荷试验、“十”字板剪切试验、旁压试验等；半定量测试方法是指由于测试条件或方法本身存在着不完善的理论，必须借助经验或其他相关方法才能得出结果的方法，例如：静力触探试验、标准贯入试验、圆锥动力触探试验等。试验测试项目见表 2-1。

表 2-1 室内土工试验测试项目

试验类别	测试项目	指标
原位测试	浅层平板载荷法	地基承载力特征值 f_{ak}； 变形模量 E_0； 地基沉降量预估 S 等
	深层平板载荷法	地基承载力特征值 f_{ak}； 变形模量 E_0； 地基沉降量预估 S 等
	旁压测试法	地基承载力 f_0； 旁压模量 E_m 等
	不排水抗剪强度测试法	不排水抗剪强度 c_u； 单桩侧摩阻力 p_f，单桩桩端阻力 p_b； 地基承载力 f_k； 复合地基承载力 f_{psk} 等

续表

试验类别	测试项目	指　　标
原位测试	静力触探试验	判断土的类别、稠度状态； 压缩模量 E_s； 地基承载力 f_0 等
	圆锥动力触探试验	判断土的类别、稠度状态、密实度； 地基承载力特征值 f_{ak} 等
	标准贯入试验	判断土的类别、稠度状态、密实度； 地基承载力 f_k 等
	波速试验	判断土的类别； 液化土层判别等

任务十一　土的地基承载力测试试验

知识目标

通过工学任务的学习，掌握地基承载力测定的原理及主要方法；了解不同测试方法的应用范围；掌握旁压测试试验的原理及方法。

能力目标

通过工学任务的学习和训练，能熟练安装载荷试验装置；掌握逐级加荷和终止试验的方法；掌握地基承载力特征值、变形模量等指标的计算方法；熟悉和掌握旁压测试试验进行地基承载力测定的方法。

软土地基承载力的高低直接影响地基处理方法的确定和上部结构的设计。目前，国内外采用最多的、直接测定软土地基承载力的方法是载荷试验。载荷试验一般用于测定承压板下应力主要影响范围内岩土体的承载力和变形模量。

载荷试验的主要优点是对地基土不产生扰动，利用试验成果确定的地基承载力最可靠、最具有代表性，可直接用于工程设计。试验成果也可用于预估建筑物的沉降量。因此，在对大型工程、重要建筑物的地基勘测中，载荷试验是必不可少的一项测试。

载荷试验按试验深度分为浅层和深层，浅层平板载荷试验适用于浅层地基土，深层平板载荷试验适用于深层地基土和大直径桩的桩端土，试验深度不小于 5m；按承压板形状分为平板和螺旋板试验，螺旋板载荷试验适用于深层地基土或地下水位以下的地基土；按用途可分为一般载荷试验和桩载荷试验；按载荷性质又可分为静力载荷试验和动力载荷试验。

一、浅层平板静力载荷试验

浅层平板静力载荷试验，简称载荷试验，如图 2-1 所示。其方法是在天然地基上安放一定面积的承压板，在承压板上逐级施加荷载，并观测每级荷载下地基土的变形特性和地基土的承载力。测试所反映的应力-应变-时间关系的综合性状是承压板以下大约 1.5～2 倍承压板宽的深度内的土层性状。

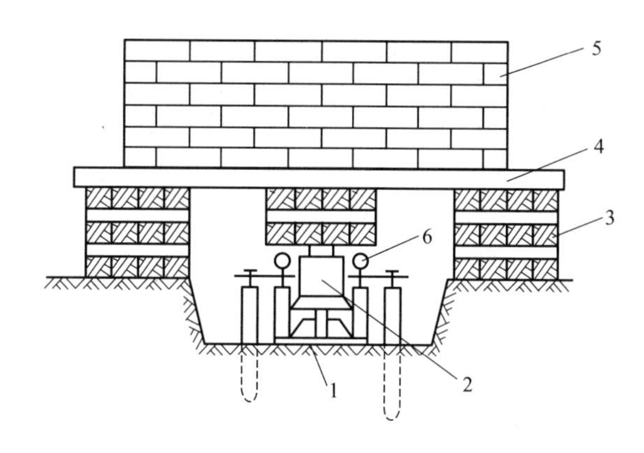

图 2-1 平板静力载荷试验

1—承压板；2—千斤顶；3—木垛；4—钢梁；5—钢锭；6—百分表

（一）试验仪器设备

载荷试验的设备由承压板、加荷装置和沉降观测装置等部件组成。

（1）承压板

承压板是模拟基础传力给地基的设备，分现场浇筑和预制两种，一般为预制钢板。承压板要具有足够的刚度，在整个载荷试验过程中，要求承压板的自身变形量要小，并且其中心和边缘不能产生弯曲和翘起。

承压板的形状一般采用圆形（也有方形者），不同尺寸的承压板面积换算见表 2-2。对较密实的黏性土和砂土，承压面积一般为 1000～5000cm^2。对一般土多采用 2500～5000cm^2。

表 2-2 承压板面积换算

方形承压板边长/cm	圆形承压板直径/cm	承压面积/cm^2
31.6	35.68	1000
50.00	56.40	2500
70.71	79.80	5000
100.00	112.84	10000

（2）加荷设备

加荷设备包括压力源、载荷台架或反力装置。地锚加荷设备见图 2-2。

加荷方式根据压力源的不同，可分为重物加荷和油压千斤顶反力加荷。重物加荷法，即在载荷台上放置重物，如铅块、建筑砌块等。由于劳动强度大，加荷不便，但是加荷荷载稳定，常在大型工地使用。油压千斤顶反力加荷法，即利用油压千斤顶加荷，用地锚提供反力。此法加荷方便，劳动强度相对较小，已被广泛采用，适用于小荷载测试。采用油压千斤顶加压，必须注意两个要点：首先，油压千斤顶的行程必须满足地基沉降要求；其次，下入土中的地锚反力要大于最大加荷，以避免地锚上拔，导致试验半途而废。

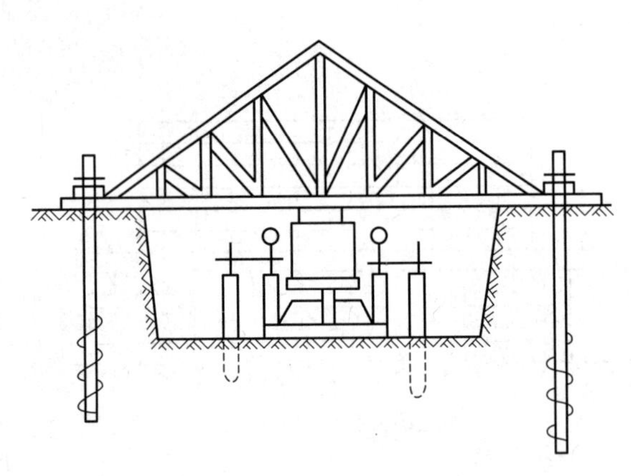

图 2-2 地锚加荷设备

（3）沉降观测设备

沉降量观测一般采用百分表、位移传感器或水准仪等。地基沉降量一般由电脑直接采集，由于载荷试验所需荷载很大，要求一切装置必须牢固可靠、安全稳定。

（二）试验要点

（1）载荷试验可以在地基土表面进行，也可以在方形试坑中进行。如果在浅层试坑中进行试验，则试坑底的宽度应不小于承压板宽度（或直径）的 3 倍，以消除侧向土自重引起的超载影响。深层平板载荷试验的试井直径应等于承压板直径；试坑应布置在具有代表性的地点，承压板底面应放置在基础底面标高处。

（2）每个场地的试验点一般不少于 3 个，当场地内工程条件较差时，应适当增加。

（3）试验前，应在坑底预留 20～30cm 厚的原土层，在测试将要开始时再挖去，并马上安置承压板。当试坑底板标高低于地下水位时，应先将水位降至坑底标高以下，并在坑底铺设 2cm 厚的砂垫层，再放置承压板，待水位恢复后进行试验。

（三）试验步骤

（1）安装设备

平整试坑底面，铺设 1～2cm 厚的砂垫层并整平，保证承压板与试验面均匀接触。在承压板上依次安装千斤顶、载荷台架或反力构架、沉降观测装置等，并确保各加压传力装置中心与承压板中心一致。

（2）分级加荷

载荷试验加荷采用分级加荷。每级荷载的增量，一般取预估测试土层极限压力的 1/8～1/10。一般对较松软的土，每级荷载增量可采用 10～25kPa；对较坚硬的土，每级荷载增量采用 50kPa；对硬土及软质岩石，每级荷载增量采用 100kPa，并不应少于 8 级。

沉降观测一般采用时间间隔法。

对快速试验，加荷开始后，第一个 30min 内，每隔 10min 观测沉降一次；第二个 30min 内，每隔 15min 观测沉降一次；以后每隔 30min 观测一次。当连续四次观测的沉降量，每小时累计不大于 0.1mm 时，可施加下一级荷载。

对慢试验，每级加荷后，间隔 5min、5min、10min、10min、15min、15min 测读一次

沉降，以后间隔 30min 测读一次沉降，当连读 2h，每小时沉降量小于或等于 0.1mm 时，可认为沉降稳定，可施加下一级荷载。

当试验对象是岩体时，间隔 1min、2min、2min、5min 测读一次沉降，以后每隔 10min 测读一次，当连续三次读数差小于或等于 0.01mm 时，认为沉降稳定，可施加下一级荷载。

（3）终止试验

当试验出现下列情况之一时，认为地基土已达极限状态，可终止试验：

① 承压板周围的土体出现明显的裂缝或隆起；

② 在荷载不变情况下，沉降速率突然加速发展，即 p-s 沉降量曲线出现明显拐点；

③ 总沉降量等于或大于承压板宽度（或直径）的 0.06 倍；

④ 在某一荷载下，24h 内沉降速率不能达到稳定标准；

⑤ 当需要观测卸荷回弹时，每级卸荷量可为加荷量的 2 倍，历时 1h，每隔 15min 观测一次。荷载完全卸除后，继续观测 3h。

（四）试验成果整理

（1）根据载荷试验成果分析要求，应绘制荷载（p）与沉降（s）曲线。

（2）计算地基土承载力特征值

载荷试验可以确定地基土的承载力特征值，根据 p-s 曲线的特点，可分为拐点判别法和沉降判别法。

① 拐点判别法，适用于 p-s 曲线有明显拐点的地基土，即在沉降曲线上可以直接读出比例极限值 p_{cr} 和极限荷载 p_u。根据国家规范以及地方经验，地基承载力特征值的判定方法如下：

a. 当比例极限值和极限荷载相距较远，即 p-s 曲线变化缓慢，可取 p_{cr} 作为地基承载力特征值；

b. 当比例极限值和极限荷载相距较近，即 p-s 曲线变化迅速，则根据国家《建筑地基基础设计规范》（GB 50007—2011），地基承载力特征值 $f_{ak}=\frac{p_u}{2}$；

c. 当建筑物有特殊要求时，为确保建筑物地基的强度和变形，地基承载力特征值

$$f_{ak}=p_0-\frac{p_u-p_0}{2\sim3} \tag{2-1}$$

② 沉降判别法，适用于 p-s 曲线没有明显拐点的地基土，即在沉降曲线上不能直接读出比例极限值 p_{cr} 和极限荷载 p_u。这时国内外常采用限定 p-s 曲线上的沉降量 s 与对应的承压板边长或直径 d 的比值，即在 p-s 曲线上找到 s/d 对应的荷载作为地基承载力特征值。具体承载力确定方法见表 2-3。

表 2-3 沉降判别法确定地基承载力

承压板面积/cm^2	地基土类型	地基承载力特征值确定方法
5000	黏性土	$s/d=0.02$ 所对应的荷载
5000	砂土	$s/d=0.01\sim0.015$ 所对应的荷载

(3) 计算地基土的变形模量

地基土的变形模量应根据 p-s 曲线的初始直线段进行计算。

浅层平板载荷试验的变形模量 E_0（MPa）计算：

$$E_0 = I_0(1-u)pd/s \tag{2-2}$$

式中 I_0——刚性承压板的形状系数，圆形承压板取 0.785；方形承压板取 0.886；

u——土的泊松比（碎石土取 0.27，砂土取 0.30，粉土取 0.35，粉质黏土取 0.38，黏土取 0.42）；

d——承压板直径或边长，m；

p——p-s 曲线线性段的压力，kPa；

s——与 p 对应的沉降量，mm。

(4) 地基沉降量预估

对于砂土地基，地基沉降量预估值 S 为

$$S = s\left(\frac{b}{d}\right)^2\left(\frac{d+30}{b+30}\right)^2 \tag{2-3}$$

对于黏性土地基，地基沉降量预估值 S 为

$$S = s\,\frac{b}{d} \tag{2-4}$$

式中 S——地基沉降量预估值，cm；

s——载荷与基础底面压力值相等时的承压板沉降量，cm；

b——基础短边宽度，cm；

d——承压板宽度，cm。

(五) 试验记录表格（表 2-4）

表 2-4 浅层平板静力载荷试验记录

试样编号______ 试验土层性质______ 试验类型______

承压板面积______ 试验地点______ 试验时间______

试验时间______ 试验班级______ 试验组成员______

日期	加荷等级	加载值 p/kPa	观测时间 t/min	累积沉降量 s/mm	沉降增量 Δs/mm

二、深层平板静力载荷试验

（一）试验原理

深层平板静力载荷试验可适用于确定地基土埋深＞3m 的深部地基、土层及大直径桩桩端土层在承压板下应力主要影响范围内的承载力。目前，国内主要采用人工挖孔方法和机械成孔进行载荷试验。深层平板静力载荷试验的承压板采用直径为 0.8m 的刚性板，紧靠承压板周围外侧的土层高度应不低于 80cm。

（二）试验设备

深层平板静力载荷试验的设备由承压板、加荷装置和沉降观测装置等部件组成。其中，承压板的直径为 0.8m 的刚性板，试验装置如图 2-3 所示。

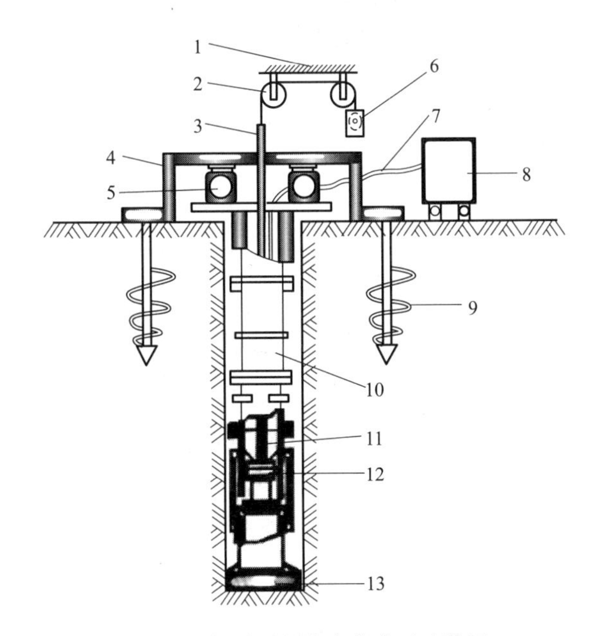

图 2-3 深层平板静力载荷试验装置

1—固定端；2—滑轮；3—位移传感器；4—反力支架；5—液压千斤顶；6—垂直牵引重锤；7—信号电缆；8—数字信号处理及自控系统；9—反力地锚；10—传力杆；11—位移计；12—压力传感器；13—承压板

（三）试验步骤

（1）试坑开挖，保证紧靠承压板周围外侧的土层高度，应不低于 80cm。

（2）加荷等级可按预估极限承载力的 1/10～1/15 分级施加。

（3）每级加荷后，第一个小时内按间隔 10min、10min、10min、15min、15min，以后为每隔半小时测读一次沉降。当在连续两小时内，每小时的沉降量小于 0.1mm 时，则认为已趋稳定，可加下一级荷载。

（4）当出现下列情况之一时，可终止加载：

① 沉降 s 急骤增大，荷载-沉降（p-s）曲线上有可判定极限承载力的陡降段，且沉降量超过 0.04d（d 为承压板直径）；

② 在某级荷载下，24h 内沉降速率不能达到稳定；

③ 本级沉降量大于前一级沉降量的 5 倍；

④ 当持力层土层坚硬，沉降量很小时，最大加载量不小于设计要求的 2 倍。

（四）试验成果整理

（1）确定承载力特征值

① 当 p-s 曲线上有比例界限时，取该比例界限所对应的荷载值；

② 满足前三条终止加载条件之一时，其对应的前一级荷载定为极限荷载，当该值小于对应比例界限的荷载值的 2 倍时，取极限荷载值的一半；

③ 不能按上述两点要求确定时，可取 $s/d=0.01\sim0.015$ 所对应的荷载值，但其值不应大于最大加载量的一半。

（2）同一土层参加统计的试验点不应少于三点，当试验实测值的极差不超过平均值的 30%时，取此平均值作为该土层的地基承载力特征值 f_{ak}。

（3）地基土变形模量 E_0

$$E_0=\omega\frac{pd}{s} \tag{2-5}$$

式中　d——承压板的直径或边长，m；

p——p-s 曲线线性段的压力，kPa；

s——与 p 对应的沉降量，mm；

ω——与试验深度和土类有关的系数。

（五）试验注意事项

（1）第一级荷载应把自重计算在内，预估极限承载力应参考室内土工试验以及其他原位测试成果。

（2）若曲线无拐点，则可按照表 2-5 估算沉降量。

表 2-5　无拐点曲线沉降量估算法

土的类别	计算中荷载值 p(kPa)的取值	沉降量 s 取值范围/cm
砂土	p-s 曲线上 $s=0.015d$ 所对应的荷载值，kPa	$0.015d$
黏性土	p-s 曲线上 $s=0.02d$ 所对应的荷载值，kPa	$0.02d$

（六）试验记录表格（表 2-6）

表 2-6　深层平板静力载荷试验记录

试样编号＿＿＿＿＿＿　试验土层性质＿＿＿＿＿＿　试验类型＿＿＿＿＿＿

承压板面积＿＿＿＿＿＿　试验地点＿＿＿＿＿＿　试验时间＿＿＿＿＿＿

试验时间＿＿＿＿＿＿　试验班级＿＿＿＿＿＿　试验组成员＿＿＿＿＿＿

日期	加荷等级	加载值 p/kPa	观测时间 t/min	累积沉降量 s/mm	沉降增量 Δs/mm

续表

日期	加荷等级	加载值 p/kPa	观测时间 t/min	累积沉降量 s/mm	沉降增量 Δs/mm

三、旁压试验

（一）试验原理

旁压试验是一种利用钻孔做的横向荷载试验。适用于黏性土、粉土、砂土、碎石土、残积土、极软岩和软岩等。

根据钻孔方法的不同，旁压试验分为预钻式试验和自钻式试验两大类。旁压试验应在有代表性的位置和深度进行，旁压器的量测腔应在同一土层内。试验点的垂直间距应根据地层条件和工程要求确定，但不宜小于 1m，试验孔与已有钻孔的水平距离不宜小于 1m。

旁压试验主要通过旁压器向竖直的孔内施加压力，带橡皮膜的探头使旁压膜膨胀，并由旁压膜将压力均匀地传给周围土体，使土体产生变形直至破坏，并通过量测装置，测出施加的压力和土变形之间的关系，绘制应力-应变关系曲线，进而确定地基承载力、旁压模量以及变形模量，并估算地基沉降量。

（二）试验设备

试验设备主要包括旁压器、加压稳定装置、变形量测系统和管路等，见图 2-4、图 2-5。

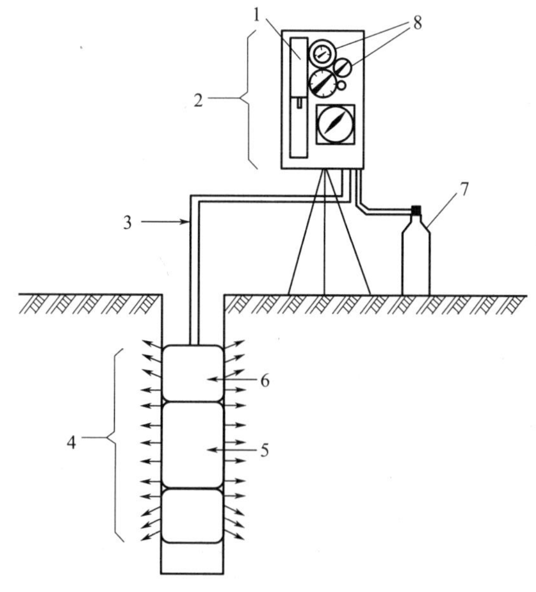

图 2-4 旁压测试示意图

1—量管；2—读数装置；3—塑料管；4—旁压器；5—测量腔；6—辅助腔；7—高压气瓶；8—压力表

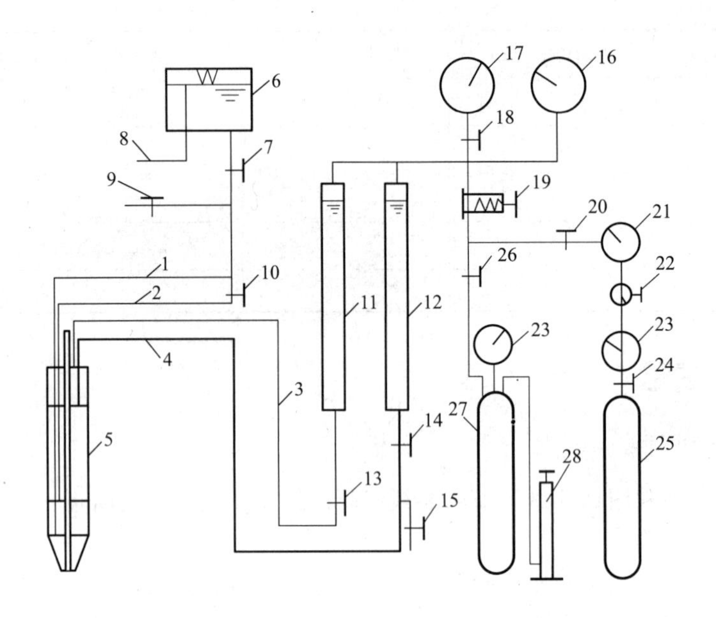

图 2-5 旁压试验管路示意图

1、2—注水管；3、4—导压管；5—旁压器；6—水箱；7—注水阀；8—水箱加压器；9—排水阀；10—中腔注水阀；11—辅管；12—测管；13—辅管阀；14—测管阀；15—调零阀；16、21—中压表；17—低压表；18—低压表阀；19—调压阀；20—氮气加压阀；22—减压阀；23—高压表；24—氮气源阀；25—高压氮钢瓶；26—手动加压阀；27—钢瓶；28—打气筒

（1）旁压器

旁压器是整个旁压仪中的重要部件，是对土体施加压力的部分，由圆形金属骨架和橡皮膜组成。它一般为三腔式和单腔式。三腔式应用较广，中间为主腔（也称测试腔），上、下为护腔。主腔和护腔互不相通，而护腔之间则是相通的，把主腔夹在中间。

试验时，由高压水通过中间管路系统进入主腔，使橡皮膜沿径向（横向）对周围土体膨胀，压迫周围土体而对其施加压力，从而建立主腔压力和土体体积变形增量之间的相互关系。

旁压器分为裸体和带金属鞘保护膜两种。目前，PY-2 型和 PY-3 型旁压器的外径均为 50mm（带金属鞘保护装置时为 55mm），测试腔长度为 250mm，体积为 491cm^3（带金属鞘保护装置时为 594cm^3）。旁压器总长度为 500mm。上、下腔之间用铜导管沟通，而与中腔隔离。

（2）压力和体积控制箱

一般控制箱为设置在三脚架上的一个箱式结构。它包括加压稳压装置和变形量测装置两大部分。

加压稳压装置是由高压氮气瓶或人工打气筒、储气罐、调压阀和相应的压力表组成。加压稳压均通过调压阀控制。

变形量测装置是由测管、辅管、水箱及各类阀门等部件构成，主要功能是控制进入旁压器的水量。

（3）管路系统

其作用为将压力和水从控制箱送到旁压器。

（4）成孔工具等配件

成孔工具主要是勺钻，适用于一般黏性土。对于坚硬土层，应用轻型钻机成孔。

（三）试验步骤

（1）开始试验前，首先对仪器进行注水调试，检查管路是否通畅、弹性膜是否渗水。

（2）预钻式旁压试验应保证成孔质量，钻孔直径与旁压器直径应良好配合，防止孔壁坍塌；自钻式旁压试验的自钻钻头、钻头转速、钻进速率、刃口距离、泥浆压力和流量等应符合有关规定。

（3）成孔后，应尽快进行试验。加荷等级可采用预期临塑压力的1/5～1/7，初始阶段加荷等级可取小值，必要时，可做卸荷再加荷试验，测定再加荷旁压模量，也可以按照表2-7来确定加荷等级。

表2-7　试验加荷等级确定

土的特征	加荷等级/kPa	
	临塑压力前	临塑压力后
淤泥、淤泥质土，流塑状态的黏性土，松散的粉砂或细砂	≤15	≤30
软塑状态的黏性土，疏松的黄土，稍密饱和的粉土，稍密很湿的粉砂或细砂，稍密的中、粗砂	15～25	30～50
可塑-硬塑状态的黏性土，一般性质的黄土，中密-密实的饱和粉砂，细砂，中密的中、粗砂	25～50	50～100
硬塑-坚硬状态的黏性土，密实粉土，密实的中、粗砂	50～100	100～200
中密-密实碎石类土	≥100	≥200

（4）每级压力应维持1min或2min后再施加下一级压力，维持1min时，加荷后15s、30s、60s测读变形量，维持2min时，加荷后15s、30s、60s、120s测读变形量。

（5）当量测腔的扩张体积相当于量测腔的固有体积时，或压力达到仪器的允许最大压力时，应终止试验。试验终止后，应使旁压器里的水返回水箱或排净，使弹性膜恢复至原来状态，以便顺利起拔旁压器。

（6）可根据现场情况，采用下列方法之一终止试验：

① 当测管水位下降接近40cm或水位急剧下降无法稳定时，应立即终止试验，以防弹性膜胀破。

② 尚需进行试验，当试验深度小于2m时，可迅速将调压阀按逆时针方向旋至最松位置，使所加压力为零。利用弹性膜的回弹，迫使旁压器内的水回至测管，取出旁压器。

③ 试验全部结束：利用试验中当时系统内的压力将水排净后旋松调压阀。将导压管快速接头取下后，应罩上保护套，并擦净外表，放置在阴凉、干燥处。

（四）试验成果整理

（1）对各级压力和相应的扩张体积（或换算为半径增量）分别进行约束力和体积的修正后，绘制压力与体积曲线，需要时可做蠕变曲线。

（2）根据压力与体积曲线，结合蠕变曲线确定初始压力、临塑压力和极限压力；根据压力与体积曲线的直线段斜率，按下式计算旁压模量；

$$E_m=2(1+\mu)\left(V_c+\frac{V_0+V_f}{2}\right)\frac{\Delta p}{\Delta V} \tag{2-6}$$

式中 E_m——旁压模量；

μ——泊松比；

V_c——旁压器量测腔初始固有体积，cm^3；

V_0——与初始压力 p_0 对应的体积，cm^3；

V_f——与临塑压力 p_f 对应的体积，cm^3；

$\frac{\Delta p}{\Delta V}$——旁压曲线直线段的斜率，$kPa/cm^3$。

（3）根据初始压力、临塑压力、极限压力和旁压模量，结合地区经验可评定地基承载力和变形参数。

① 临塑压力法

大量测试资料表明，对于土质均匀或各向同性的土体，用旁压测试的临塑压力 p_f 减去土层的静止侧压力 p_0 所确定的承载力，与载荷测试得到的承载力基本一致。即地基承载力 f_0 为

$$f_0=p_f-p_0 \tag{2-7}$$

② 极限压力法

对于红黏土、淤泥等，其旁压曲线经过临塑压力后，急剧拐弯；破坏时的极限压力与临塑压力之比（p_L/p_f）小于1.7。即地基承载力 f_0 为

$$f_0=\frac{p_L-p_0}{F} \tag{2-8}$$

其中，F 为安全系数，一般取2～3。

（4）根据自钻式旁压试验的旁压曲线，还可求得土的原位水平应力、静止侧压力系数、不排水抗剪强度等。

（五）试验注意事项

（1）试验前，必须对弹性膜约束力和仪器管路综合变形进行率定。工作前对注水标准和弹性膜渗水进行检查。

（2）试验开始前，需要记录静水压力值。静水压力为把旁压器放在测定位置后，打开测管阀和辅管阀测管零刻度的指向值。

（六）试验记录表格（表2-8）

表2-8 旁压试验记录

工程编号________ 工程名称________ 试样编号________

试验深度________ 地下水位________ 孔口标高________

测管水面离孔口的高度________ 旁压器中腔受静水压力________

试验时间________ 试验班级________ 试验组成员________

压力 p/kPa				测管水位下降值 s/cm(累计值)						
压力表读数	总压力	压力校正值	校正后压力	0分	1分	2分	3分	4分	承降校正值	校正后沉降

续表

压力 p/kPa				测管水位下降值 s/cm(累计值)						
压力表读数	总压力	压力校正值	校正后压力	0分	1分	2分	3分	4分	承降校正值	校正后沉降

任务十二 土的不排水抗剪强度测试试验

知识目标

通过工学任务的学习，掌握十字板剪切试验的原理、分类及适用范围。

能力目标

通过工学任务的学习和训练，掌握十字板剪切仪的安装方法；熟悉不同的十字板剪切仪的使用方法；掌握不排水抗剪强度指标和地基承载力的计算方法。

十字板剪切试验是原位测定饱和软黏土的不排水抗剪强度的现场测试方法。该方法是将插入软土中的十字板头，以一定的速率旋转，在土层中形成圆柱形的破坏面，测定土的抵抗力矩，从而换算其土的不排水抗剪强度和估算软黏土的灵敏度。

十字板剪切测试技术最先由瑞典在1919年提出。1954年，南京水科所引进该技术，并进行了大量的测试。

根据十字板仪的不同，十字板剪切试验可分为普通十字板剪切试验和电测十字板剪切试验；根据贯入方式的不同，可分为预钻孔十字板剪切试验和自钻式十字板剪切试验。

十字板剪切试验深度一般不超过30m，由于可以不用取样，常用于测定对灵敏度较高的饱和黏性土的不排水抗剪强度，测量设备简单，容易操作；并且测试速度较快，广泛应用于我国沿海软土地区。

一、试验原理

十字板剪切试验，主要是将一定形状和尺寸的十字板头，插入钻孔中，施加扭转力矩，将土体剪切破坏，测定土体抵抗扭损的最大力矩，并换算出土体的不排水抗剪强度。

十字板头旋转过程中，假设在土体中产生一个高度为 H（十字板的高度）、直径为 D（十字板头的直径）的圆柱状剪损面，并假定该剪损面的侧面和上、下底面上土的抗剪强度都相等。在剪损过程中，土体产生的最大抵抗力矩 M 由圆柱侧表面的抵抗力矩 M_1 和圆柱上、下面的抵抗力矩 M_2 两部分组成。即 $M=M_1+M_2$。

圆柱体侧面的抗扭矩为 $$M_1=\frac{\pi D^2 HC_v}{2} \tag{2-9}$$

圆柱体底面的抗扭矩为 $$M_2=\frac{\pi D^3 C_H}{12} \tag{2-10}$$

顶面的抗扭矩为 $$M_3=\frac{\pi(D^3-D_1{}^3)C_H}{12} \tag{2-11}$$

由于 $D_1 \ll D$，则 $m_3 \approx \frac{\pi D^3 C_H}{12}$

则 $$M=M_1+M_2+M_3=\frac{\pi D^2 HC_v}{2}+\frac{\pi D^3 C_H}{6} \tag{2-12}$$

式中 D——十字板头的直径，mm；

H——十字板头的高度，mm；

D_1——和十字板头接触处轴杆的直径，mm；

C_v——十字板头侧面的剪切阻力，N；

C_H——十字板头上、下面的剪切阻力，N。

$$C_H=C_v \Rightarrow c_u=\frac{2M}{\pi D^2\left(H+\frac{D}{3}\right)} \tag{2-13}$$

M 也可以通过电测仪测出，$M=\alpha \times R$

式中 α——传感器的率定系数；

R——读数；

c_u——土的不排水抗剪强度，kPa。

十字板剪切试验是对压入黏土中的十字板头施加扭矩，使十字板头以一定速率旋转，在土层中形成圆柱形的破坏面，测定土剪切破坏时的最大扭矩，即可得到土的抗剪强度。

二、试验仪器设备

1. 开口钢环式十字板剪切仪

开口钢环式十字板剪切仪（图 2-6）主要以蜗轮旋转导杆使插入土中的十字板发生旋转，通过测量钢环（图 2-7）的抵抗力矩，间接计算出土的抗剪强度。

十字板头尺寸（表 2-9）一般采用 $D \times H=50 \times 100$mm 规格板头，轴杆直径为 20mm，钻杆直径为 42mm，套管的直径常为 127mm。

表 2-9 常用十字板头尺寸

十字板头尺寸	H/mm	D/mm	板厚 t/mm
国外	125±25	62.5±12.5	2
国内	100	50	2～3
	150	75	2～3

2. 轻便式十字板剪切仪

轻便式十字板剪切仪（图 2-8）是简化的开口钢环式十字板剪切仪。需要人工压入十字板和旋转导杆，由于设备简单，携带方便，常用于中小型饱和软土工程地质勘察。

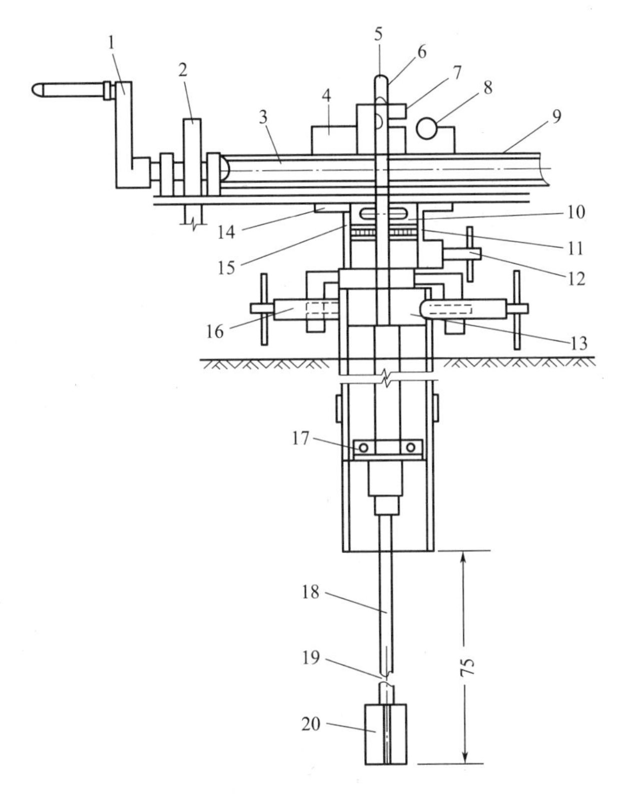

图 2-6 开口钢环式十字板剪切仪示意图

1—旋转手柄；2—齿轮；3—蜗轮；4—开口钢环；5—导杆；6—特制键；7—固定夹；8—量表；9—支座；10—导杆；11—平衡弹子轮；12—锁紧轴；13—底座；14—压圈；15—固定套；16—制紧轴；17—导轮；18—钻杆；19—离合齿；20—十字板头

图 2-7 开口钢环测量装置

十字板头的规格 $D \times H = 50 \times 100$mm，板厚 2mm。

3. 电测式十字板剪切仪

电测式十字板剪切仪（图 2-9）是通过十字板头上方连接处贴有的电阻应变片的受扭力的传感器进行扭力的测定。

十字板头的规格 $D \times H = 50 \times 100$mm，板厚 2mm。轴杆直径 13mm，长度 500mm。

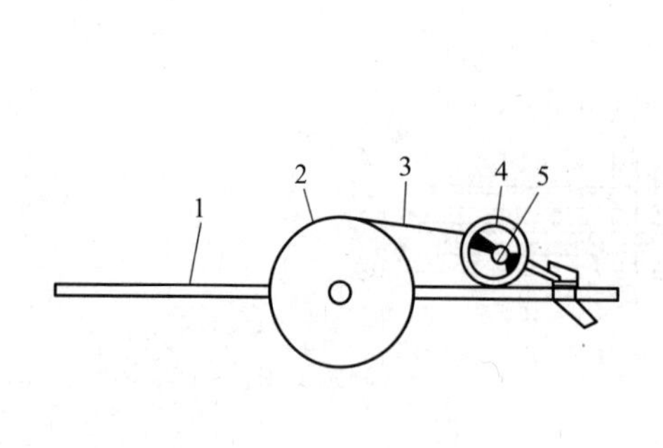

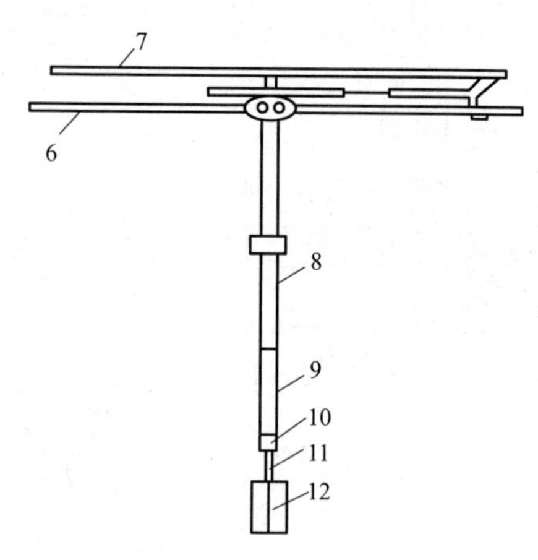

图 2-8 轻便式十字板剪切仪示意图

1—旋转手柄；2—铝盘；3—钢丝绳；4—钢环；5—量表；6—制动扳手；7—施力把手；
8—钻杆；9—轴杆；10—离合齿；11—小丝杆；12—十字板头

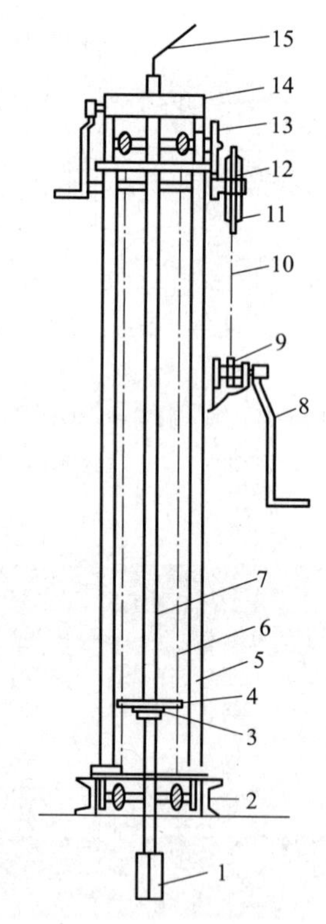

图 2-9 电测式十字板剪切仪示意图

1—十字板头；2—槽钢；3—垫压块；4—山形板；5—支架立杆；6—链条；7—探杆；
8—摇把；9—小链轮；10—链条；11、12—大链轮；
13—大齿轮；14—铝盘；15—电缆

三、试验要点

（1）为测定软黏土不排水抗剪强度随深度的变化，十字板剪切试验布置时，对均质土试验点竖向间距可取 1m，对非均质或夹薄层粉细砂的软黏土，宜先做静力触探，结合土层变化，选择软黏土进行试验。

（2）十字板剪切试验的主要技术要求应符合下列规定：

① 十字板板头形状宜为矩形，径高比 1∶2，板厚宜为 2～3mm；

② 十字板头插入钻孔底的深度不应小于钻孔或套管直径的 3～5 倍；

③ 十字板插入试验深度后，由于十字板周围土体会产生超静孔隙水压力，因此至少应静止 2～3min，方可开始试验；

④ 扭转剪切速率宜采用（1°～2°）/10s，并应在测得峰值强度后继续测记 1min，确定试验峰值；

⑤ 在峰值强度或稳定值测试完后，顺扭转方向连续转动 6 圈后，测定重塑土的不排水抗剪强度。

（3）对开口钢环十字板剪切仪，应修正轴杆与土间的摩阻力的影响。

四、试验步骤

（1）采用普通十字板剪切仪于现场测定软黏土的不排水抗剪强度的试验步骤如下：

① 钻探开孔，下放 ϕ127mm 套管至预定试验深度以上（75cm 左右）。固定套管。

② 逐节连接十字板头、离合器、轴杆与试验钻杆、导杆等。要求各杆件要直，各接头必须拧紧。

③ 接上并转动导向杆，使十字板离合齿啮合。在十字板压入土中 2～3min 后开始以约 1°/10s 的速度旋转转盘，每转 1°，测记钢环变形读数一次，直至读数不再增大或开始减小时停止，这时土体已被剪损。此时，施于钢环的作用力（以钢环变形值乘以钢环变形系数算得）就是把原状土剪损的总作用力 p_f 值。

④ 拔下连接导杆与测力装置的特制键，套上摇把，按顺时针方向连续转动导杆、轴杆和十字板头 6 转。使土完全扰动，重复步骤③进行试验。

⑤ 拔下控制轴杆与十字板头连接的特制键，将十字板轴杆向上提 3～5cm，使连接轴杆与十字板头的离合器处于离开状态，然后仍按步骤③可测得轴杆与土间的摩擦力和仪器机械阻力值 f。

⑥ 完成上述试验步骤后，拔出十字板，继续下一深度的试验。

对于自钻式电测十字板剪切仪，可以采用静力触探的贯入机具将十字板头压入试验深度，因此，不存在下套管和钻孔护壁问题。

按《岩土工程勘察规范》（GB 50021—2001）（2009 版）的技术要求，电测式十字板剪切仪在进行重塑土剪切试验时，在原状土峰值强度测试完毕后，应连续转动 6 圈，使十字板头周围土体充分扰动。但由于电测法中电缆的存在，当探杆、扭力柱与十字板头一起连续转动时，电缆会发生缠绕，甚至接头处被扭断，使该项技术要求难以很好地执行。

（2）试验影响因素

① 剪切（旋转）速率越大，抗剪强度越大，应规定一个统一的旋转速率（1°/10s），对一般黏性土，最大的抗剪强度出现在 20～30 之间，所用时间为 3～5min，属不排水抗剪强度；

② 在板头范围内，土的非均一性；天然土层的抗剪强度的非等向性；

③ 十字板板厚及轴杆直径越大，板头插入土中对土的扰动越大，抗剪强度越小；

④ 实际测试中，已有部分排水，所测 c_u 值偏大，应修正；

⑤ 采用不同的试验设备、钻进方式或操作方法也都会影响所测试土层的抗剪强度。电测式十字板比非电测式十字板的试验结果往往偏小 15%～20%（当控制剪切速率等条件相同时），这是由于电测装置从根本上消除了机械安装、钻杆弯曲、轴杆摩擦等因素的影响。

五、试验成果整理

(1) 计算试验点的原状土不排水抗剪强度 c_u：

$$c_u=k(p_f-f) \tag{2-14}$$

重型土不排水抗剪强度（或称残余强度）c'_u：

$$c'_u=k(p'_f-f) \tag{2-15}$$

式中 p_f——原状土剪损的总作用力值等于钢环的变形值乘以钢环变形系数，N；

p'_f——重塑土剪损的总作用力值等于钢环的变形值乘以钢环变形系数，N；

f——轴杆与土间的摩擦力和仪器机械阻力值，N。

土的灵敏度 S_t：

$$S_t=\frac{c_u}{c'_u} \tag{2-16}$$

(2) 根据土层条件和地区经验，对实测的十字板不排水抗剪强度进行修正。

① 根据土层条件进行修正：

$$(c_u)_f=\mu(c_u)_{fv} \tag{2-17}$$

式中 $(c_u)_f$——土的现场不排水抗剪强度，kPa；

$(c_u)_{fv}$——十字板实测不排水抗剪强度，kPa；

μ——修正系数，按表 2-10 选取。

表 2-10 十字剪板修正系数

液性指数		10	15	20	25
μ	各向同性土	0.91	0.88	0.85	0.82
	各向异性土	0.95	0.92	0.90	0.88

② 根据地区经验进行修正：

a. 1953 年，瑞典的 Cadling 和 Odenstad 根据 11 处滑坡工程，以十字板强度计算安全系数，其平均值为 1.03。建议设计时应选取更高的安全系数。

b. 南京水利科学研究院在 20 世纪 50～60 年代曾积累破坏工程实例，处于临界状态的工程（即土坡多处裂缝，或局部坍塌的工程），以十字板强度计算安全系数，建议设计时取值 1.3。

c. 交通部 1978 年《港口工程地基规范》（现已废止）中规定，当采用快剪指标选 $K=1.0～1.2$，采用十字板强度选 $K=1.1～1.3$。《港口工程地基规范》TJT 250—98 版，笼统提 $K=1.1～1.3$，仍意味着对不同强度选不同的 K 值。

(3) 评定软土地基承载力

承载力的计算主要取决于土的不排水抗剪强度。如中国建筑科学研究院的经验：

$$f_k=2(c_u)_f+\gamma h \tag{2-18}$$

式中　f_k——地基承载力标准值；

γ——土的重度；

h——基础埋置深度。

（4）估算单桩极限承载力

按美国石油协会（1980）相关规程，桩侧极限摩阻力 p_f：

$$p_f=\alpha c_u \tag{2-19}$$

式中，α 为折减系数。根据下列条件取值：当 $c_u \leqslant 25$kPa 时，$\alpha=1.0$；当 $c_u \geqslant 75$kPa 时，$\alpha=0.5$；当 $25\text{kPa}<c_u<75\text{kPa}$ 时，α 在 0.5～1.0 之间线性差值。

桩端极限端承力 p_b：

$$p_b=9c_u \tag{2-20}$$

（5）检测地基加固效果

在对软土地基进行预压加固（或配以砂井排水）处理时，可用十字板剪切试验探测加固过程中的强度变化，用于控制施工速率和检验加固效果。

另外，对于振冲加固饱和软黏土的小型工程，可用桩间十字板抗剪强度来计算复合地基承载力的标准值：

$$f_{psk}=3[1+m_c(n_c-1)](c_u)_f \tag{2-21}$$

式中　f_{psk}——复合地基承载力的标准值；

n_c——桩土应力比，无实测资料时，可取 2～4，原状土强度高时取低值，反之取高值；

m_c——面积置换率；

$(c_u)_f$——现场十字板剪切试验的不排水强度，kPa。

六、试验注意事项

（1）十字板剪切试验适用于测定饱和软黏土的不排水抗剪强度，对于硬塑、坚硬状态的软黏土以及砂类土不适用。

（2）若采用钢环式十字板进行剪切试验，则探杆上下各装上一导轮，且间距不宜大于 10m。

七、试验记录表格（表 2-11）

表 2-11　十字板剪切试验记录

试样编号__________　孔口标高__________　稳定地下水位__________

十字板直径__________　十字板高度__________　钢环型号__________　系数 c__________

试验时间__________　试验班级__________　试验组成员__________

编号	原状土	重塑土	轴杆		c_u	c'_u
	百分表读数/0.01mm		百分表读数/0.01mm	试验深度处土样描述		
1						

续表

编号	原状土	重塑土	轴杆		c_u	c'_u
	百分表读数/0.01mm		百分表读数/0.01mm	试验深度处土样描述		
2						
3						
4						
5						
6						
7						

任务十三　其他原位测试试验

知识目标

通过工学任务的学习，掌握静力触探、圆锤动力触探、标准贯入以及波速试验的原理及方法；了解静力触探头的三种形式。

能力目标

通过工学任务的学习和训练，掌握根据静力触探、圆锤动力触探、标准贯入以及波速试验进行地基土分层、抗剪强度指标等计算的方法。

一、静力触探试验

（一）试验原理

静力触探是机械量的电测法在土体工程测试中的具体应用。该方法首先由荷兰研制成功并加以应用。静力触探试验是采用一定规格圆锥形探头，借助机械力匀速压入土中，并测定探头阻力等的一种测试方法（图 2-10）。静力触探试验可分为机械式静力触探试验和电测式静力触探试验两种。

静力触探试验适用于软土、一般黏性土、粉土、砂土和含少量碎石的土。静力触探可根据工程需要采用单桥探头、双桥探头或带孔隙水压力量测的单、双桥探头，可测定比贯入阻力（p_s）、锥尖阻力（q_c）、侧壁摩阻力（f_s）和贯入时的孔隙水压力（u）。

（二）试验仪器设备

（1）静力触探探头

静力触探探头也称为地层阻力传感器，是量测地基土贯入阻力的关键部分，是贯入过程中直接感受土的阻力，将其转变成电信号，然后再由仪表显示出来的元件。探头圆锥锥底截面积应用 $10cm^2$ 或 $15cm^2$，单桥探头侧壁高度应分别采用 57mm 或 70mm，双桥探头侧壁面积应采用 $150\sim300cm^2$，锥尖锥角应为 60°；探头应匀速垂直压入土中，贯入速率为 1.2m/min。

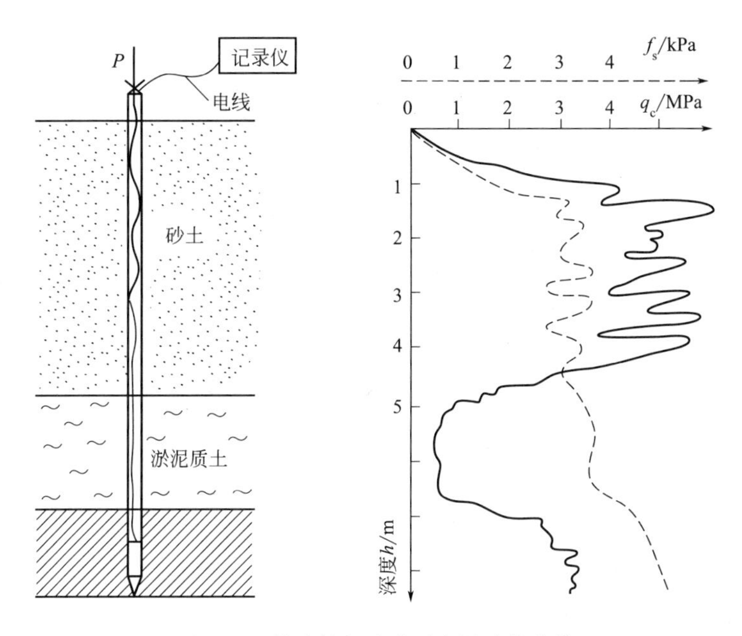

图 2-10　静力触探试验示意图及其曲线

目前国内、外使用的探头有三种形式。

① 单用（桥）探头［图 2-11(a)］：是我国特有的一种探头型式，只能测量一个参数，即比贯入阻力 p_s，分辨率较低，见图 2-12；

② 双用（桥）探头［图 2-11(b)］：是一种将锥头与摩擦筒分开，可以同时测量锥头阻力 q_c 和侧壁摩阻力 f_s 两个参数的探头，分辨率较高，见图 2-13；

③ 多用（孔压）探头［图 2-11(c)］：是将双用探头再安装，一种可测触探时所产生的超孔隙水压力装置——透水滤器和一种测量孔隙水压力的传感器。分辨率最高，在地下水位较浅地区优先采用。

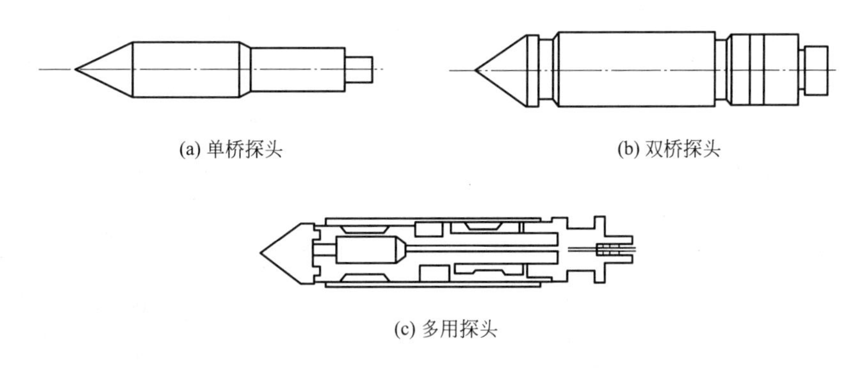

图 2-11　静力触探探头类型

（2）量测记录仪表

我国大部分采用电阻应变式静力触探传感器，因此，配套采用的记录仪器类型有：电阻应变仪；自动记录绘图仪；数字式测力仪；数据采集仪（微机）。

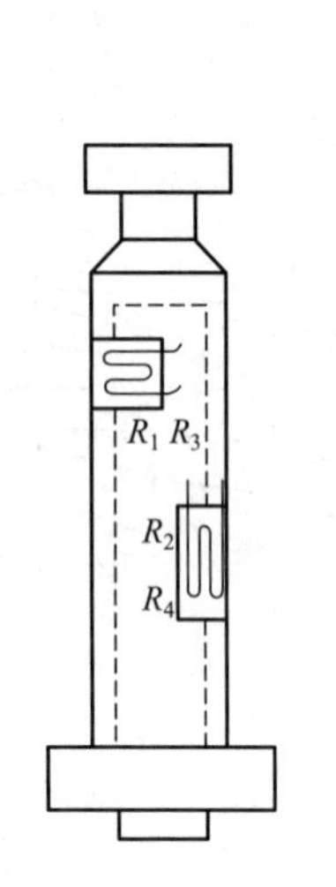

图 2-12　四壁工作的全桥电路

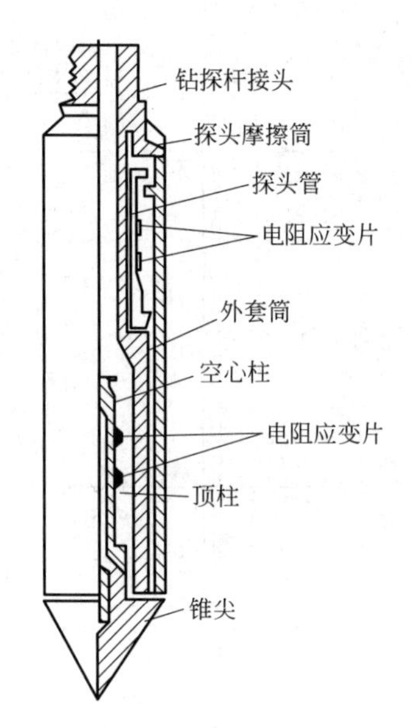

图 2-13　双桥探头示意图

① 电阻应变仪

电阻应变仪具有灵敏度高、测量范围大、精度高和稳定性好等优点。但操作时靠手动调节平衡，跟踪读数，容易造成误差。不能连续读数，只能间隔进行，不能得到连续变化的触探曲线。

② 自动记录绘图仪

自动记录绘图仪实现了自动记录试验数据。图 2-14 所示为 ZSJ—2 型双笔自动记录仪工作原理图，由传感器送来的被测直流信号，经测量电路与仪表内补偿电压进行比较后，产生一个不平衡电压，经放大器放大 $10^{5\sim6}$ 倍后获得大的功率驱动可逆电机转动，进而带动指针在记录纸上移动，画出静力触探曲线。

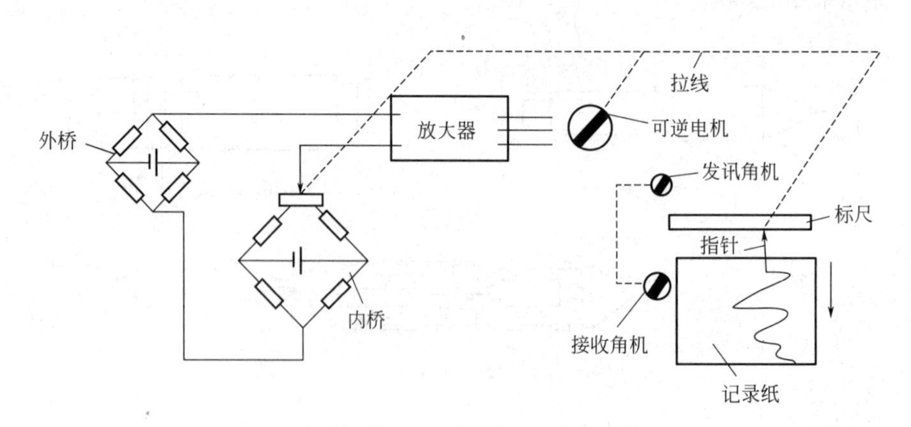

图 2-14　ZSJ—2 型双笔自动记录仪工作原理图

③ 数字式测力仪

数字式测力仪是一种精密的测试仪表，这种仪器能显示多位数，具有体积小、重量轻、精度高、稳定可靠、使用方便、能直读贯入总阻力和计算贯入指标简单等优点。这种仪器的缺点是间隔读数，手工记录。

(3) 贯入系统

静力触探贯入系统由触探主机（贯入装置）和反力装置两个部分组成。触探主机的作用是将底端装有探头的探杆一根根地压入土中，反力装置的作用是平衡贯入阻力对贯入装置的反作用。

(4) 探杆

探杆有一定的规格和要求。探杆应有足够的强度，应采用高强度无缝管材，其屈服强度不宜小于 600MPa。

(5) 电缆

电缆的作用是连接探头和量测记录仪表。电缆应有良好的防水性和绝缘性，接头处应密封。其直径应比探杆内径小，以便能将其顺利穿过探杆，连接探头和仪表。

（三）试验要点

(1) 探头使用前，应对探头测力传感器连同仪器、电缆进行标定，室内探头标定测力传感器的非线性误差、重复性误差、滞后误差、温度漂移、归零误差均应小于 1%FS，现场试验归零误差应小于 3%，绝缘电阻不小于 500MΩ。

(2) 贯入、测试

① 深度记录的误差不应大于触探深度的±1%；

② 当贯入深度超过 30m，或穿过厚层软土后再贯入硬土层时，应采取措施防止孔斜或断杆，也可配置测斜探头，量测触深孔的偏斜角，校正土层界线的深度；

③ 孔压探头在贯入前，应在室内保证探头应变腔为已排除气泡的液体所饱和，并在现场采取措施保持探头的饱和状态，直至探头进入地下水位以下的土层为止；在孔压静探试验过程中不得上提探头；

④ 当在预定深度进行孔压消散试验时，应量测停止贯入后不同时间的孔压值，其计时间隔由密而疏合理控制；试验过程不得松动探杆。

（四）试验步骤

(1) 平整场地。设置反力装置，并将触探主机对准孔位，调平、校准；将传感器引线按要求接到量测仪器上，打开电源开关预热并调试到正常工作状态。

(2) 贯入前对探头进行试压，检查各部件工作是否正常。

(3) 将探头按 0.9～1.5m/min 匀速贯入土中 0.5～1.0m 左右，提探头至不受力状态。待探头温度和环境温度相同后，调零仪器并记录初读数，开始贯入试验。

(4) 当贯入深度在 1～6m，则每贯入 1～2m，提升探头 5～10cm，记录探头读数；6m 以上，每贯入 5～10m，提升探头并记录不归零读数。

(5) 使用电阻应变仪或数字测力计时，一般每隔 0.1～0.2m 记录读数 1 次。当测定孔隙水压力消散时，应在预定的深度或土层停止贯入，并按适当的时间间隔或自动测读孔隙水压力消散值，直至基本稳定再继续贯入。

(6) 当探头贯入到预定深度或出现下列情况之一时，需停止贯入：

① 触探主机达到额定贯入力，探头阻力达到最大容许压力；

② 反力装置失效；

③ 发现探杆弯曲已达到不能允许的程度时。

(7) 探头拔出后，应立即清洗、上油妥善保管，防止探头被暴晒或受冻。

(五) 试验成果整理

(1) 绘制各种贯入曲线：单桥和双桥探头应绘制 p_s-z 曲线、q_c-z 曲线、f_s-z 曲线、R_f-z 曲线；孔压探头尚应绘制 u_i-z 曲线、q_t-z 曲线、f_t-z 曲线、B_q-z 曲线和孔压消散曲线：u_t-lg$t$ 曲线。

其中 R_f——摩阻比；

u_i——孔压探头贯入土中量测的孔隙水压力（即初始孔压）；

q_t——锥头阻力（经孔压修正）；

f_t——侧壁摩阻力（经孔压修正）；

B_q——静探孔压系数，$B_q=\dfrac{u_i-u_0}{q_t-\sigma_{vo}}$；

u_0——试验深度处静水压力，kPa；

σ_{vo}——试验深度处总上覆压力，kPa；

u_t——孔压消散过程时刻 t 的孔隙水压力。

(2) 根据贯入曲线的线性特征，结合相邻钻孔资料和地区经验，划分土层和判定土类；计算各土层静力触探有关试验数据的平均值，或对数据进行统计分析，提供静力触探数据的空间变化规律（图 2-15）。

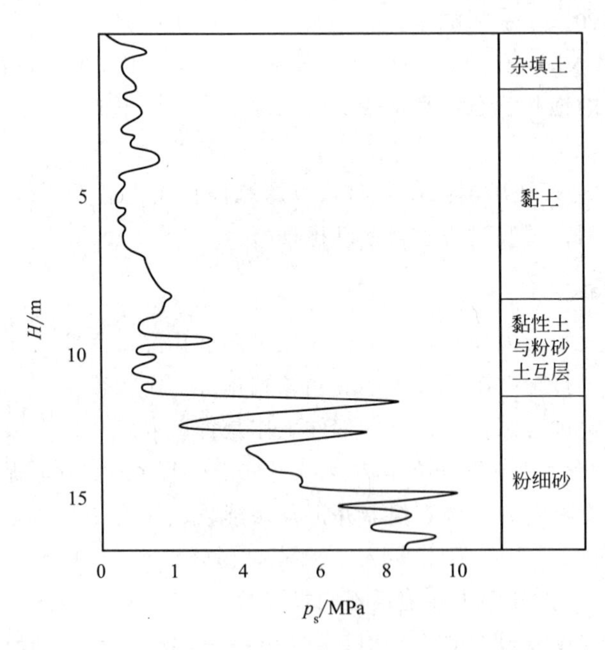

图 2-15 单桥静力触探曲线及划分土层

(3) 根据静力触探资料，利用地区经验，可进行力学分层，估算土的塑性状态或密实度、强度、压缩性、地基承载力、单桩承载力、沉桩阻力，进行液化判别等。根据孔压消散曲线可估算土的固结系数和渗透系数。

① 黏性土的内聚力 c 和内摩擦角 φ

在大量工程实践基础上，得出双桥静力触探成果（q_c和 f_s）和室内直剪试验成果（c 和 φ），并进行统计分析，得出土的内摩擦角的正切函数与锥尖阻力的平方根之间呈现良好的线性关系，即

$$c=a\sqrt{f_s}-b$$
$$\varphi=\arctan(0.0069\sqrt{q_c}-0.1023) \tag{2-22}$$

式中，a、b 为系数，与土类有关。当 $16<f_s<80$kPa 时，$a=12.14$，$b=23.11$；当 $1<f_s<9$ 时，$a=5.47$，$b=3.80$；且 c、f_s单位为 kPa。

② 软黏土灵敏度

根据中国地质大学在深圳和武汉软土地基的勘察和研究中，发现双桥静力触探和十字板测试的软土灵敏度（S_r）之间存在如下关系：

$$S_r=300F_s \tag{2-23}$$

③ 判断土的稠度状态

土越潮湿，含水量越高，其强度越低，贯入阻力越小。土的稠度状态可根据表 2-12 进行判断。

表 2-12　单桥探头法

中国地质大学	I_L	<0	0～0.25	0.25～0.75	0.75～1	>1
	p_s		≥2.62	0.82～2.62	0.6～0.82	<0.6
		坚硬	硬塑	可塑	软塑	流塑

④ 土的压缩模量和变形模量

a. 土的压缩模量与 p_s之间的关系一般为

$$E_s=ap_s+b \tag{2-24}$$

b. 土的变形模量一般通过无侧限的原位荷载测试求出。国内很多单位也做了对比工作，见表 2-13。

表 2-13　p_s与 E_0的经验关系

提出单位	经验关系	适用范围	相关系数	适用土类
武汉联合试验组	$E_0=9.97p_s-2.63$ $E_0=11.77p_s-4.69$	$0.3\leqslant p_s\leqslant 3$ $3\leqslant p_s<6$		淤泥、一般黏性土 老黏性土
原建工部综勘院	$E_0=6.06p_s-0.9$ $E_0=6.9p_s-6.79$ $E_0=3.55p_s-6.65$	$p_s<1.6$ $p_s>1.6$ $p_s>4$		淤泥、一般黏性土 冲积土 粉土
铁道部四院	$E_0=6.03p_s^{1.45}-0.8$	$p_s<2.5$	0.86	软土、一般黏性土
铁道部一院	$E_0=3p_s+2.87$ $E_0=3p_s+2.87$ $E_0=2.3p_s+1.99$ $E_0=13.09p_s^{0.64}$ $E_0=5.95p_s+1.4$ $E_0=5p_s$	$p_s\leqslant 20$ $0.5\leqslant p_s<6$ $0.5\leqslant p_s<10$ $0.5\leqslant p_s<5$ $1\leqslant p_s<5.5$ $1\leqslant p_s<6.5$	0.84	粉砂、细砂 新近沉积土 粉土及新近沉积土 新黄土(东南带) 新黄土(西北带) 新黄土(西部边缘带)

⑤ 地基承载力

用静力触探法求地基的承载力是一种快速、简便、有效的方法。一般依据经验公式进行计算。根据《工业与民用建筑工程地质勘察规范》(TJ 21—77)中的经验公式计算地基基本承载力值 f_0。

砂土：
$$f_0=0.0197p_s+0.0656\ (\mathrm{MPa}) \tag{2-25}$$

一般黏性土：
$$f_0=0.104p_s+0.0269\ (\mathrm{MPa}) \tag{2-26}$$

老黏土：
$$f_0=0.1p_s\ (\mathrm{MPa}) \tag{2-27}$$

(六) 试验注意事项

(1) 试验点与已有钻孔、触探孔、十字板试验孔等的距离，建议不小于 20 倍已有的孔径。

(2) 试验前应根据试验场地的地质情况，合理选用探头。

(3) 由于人为或设备的故障而使贯入中断 10min 以上，应及时排除故障。处理后重新贯入前，应提升探头，测记零读数。

(4) 应注意安全操作和安全用电。

二、圆锥动力触探试验

(一) 试验原理

动力触探试验(dynamics penetration test，缩写 DPT)是利用一定的锤击动能，将一定规格的探头打入土中，据每打入土中一定深度的锤击数，来判定土的性质并进行力学分层的一种原位测试方法。

动力触探技术在国内外广泛应用，其优点：①设备简单，操作及测试方法容易；②快速测试土层；③适应性广，适用于砂土、粉土、砾石土、软岩、强风化岩石及黏性土等地层。

动力触探测试方法分为两类：圆锥动力触探(简称动力触探或动探)和标准贯入试验(简称标贯)。圆锥动力触探试验根据采用穿心锤的重量分为轻型、重型和超重型动力触探试验。其规格和适用土类应符合表 2-14 的规定。

表 2-14　圆锥动力触探类型

类型		轻型	重型	超重型
落锤	锤的质量/kg	10	63.5	120
	落距/cm	50	76	100
探头	直径/mm	40	74	74
	锥角/°	60	60	60
探杆直径/mm		25	42	50～60
指标		贯入 30cm 的读数 N_{10}	贯入 10cm 的读数 $N_{63.5}$	贯入 10cm 的读数 N_{120}
主要适用岩土		浅部的填土、砂土、粉土、黏性土	砂土、中密以下的碎石土、极软岩	密实和很密的碎石土、软岩、极软岩

圆锥动力触探试验是将穿心锤穿入带锤垫的触探杆上，将探头及探杆垂直地面放于测试地点，然后提升穿心锤至预定高度，使其自由下落、撞击锤垫，将探头打入土中，记录每贯入 30cm 的锤击数。

（二）试验设备

设备由圆锥探头、触探杆、穿心锤、钢垫四部分组成。动力触探仪及探头示意图见图 2-16。

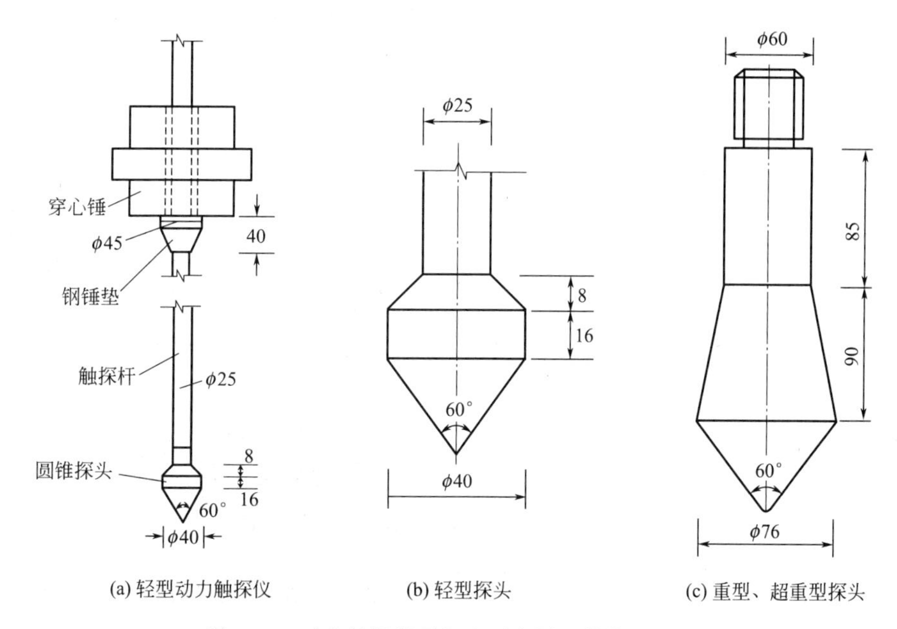

图 2-16 动力触探仪及探头示意图（单位：mm）

（三）试验要点

（1）圆锥动力触探试验采用自动落锤装置。

（2）触探杆最大偏斜度不应超过 2%，锤击贯入应连续进行；同时防止锤击偏心、探杆倾斜和侧向晃动，保持探杆垂直度；锤击速率每分钟宜为 15～30 击。

（3）每贯入 1m，宜将探杆转动一圈半；当贯入深度超过 10m，每贯入 20cm 宜转动探杆一次。

（4）对轻型动力触探，当 N_{10}＞100 或贯入 15cm 锤击数超过 50 时，可停止试验；对重型动力触探，当连续三次 $N_{63.5}$＞50 时，可停止试验或改用超重型动力触探。

（5）贯入深度的一般限制：

对轻型，一般应＜4m，主要用于测试并提供浅基础的地基承载力参数；检验建筑物地基的夯实程度；检验建筑物机槽开挖后，基底以下是否存在软弱下卧层等。

对重型＜12～15m，对超重型＜20m，超过此深度应考虑侧壁摩阻力的影响。主要用于查明地层在垂直方向和水平方向上的均匀程度。

（四）试验步骤

（1）将穿心锤穿入带钢砧与锤垫的触探杆上。

（2）将探头及探杆垂直地面放于测试地点。

（3）提升穿心锤至预定高度，使其自由下落撞击锤垫，将探头打入土中。

（4）记录每贯入 30cm（或 10cm）的锤击数。

（5）重复上述步骤，直至预定试验深度。

（五）试验成果整理

（1）单孔连续圆锥动力触探试验应绘制锤击数与贯入深度关系曲线（图 2-17）。

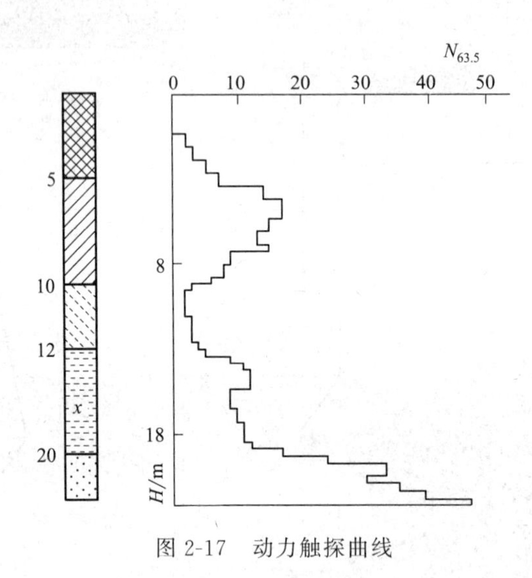

图 2-17　动力触探曲线

（2）计算单孔分层贯入指标平均值时，应剔除临界深度以内的数值、超前和滞后影响范围内的异常值。

（3）根据各孔分层的贯入指标平均值，用厚度加权平均法计算场地分层贯入指标平均值和变异系数。

（4）根据圆锥动力触探试验指标和地区经验，可进行力学分层，评定土的均匀性和物理性质（状态、密实度）、土的强度、变形参数、地基承载力、单桩承载力，查明土洞、滑动面、软硬土层界面，检测地基处理效果等。应用试验成果时是否修正或如何修正，应根据建立统计关系时的具体情况确定。

① 确定地基承载力

根据表 2-15 确定地基承载力。

表 2-15　地基承载力特征值 f_{ak}

N_{10}			5	10	15	20	25	30	35	40	45	50
一般黏性土地基			50	70	100	140	180	220	260	300	340	380
黏性素填土地基			60	80	95	110	120	130	140	150	160	170
粉土、粉细砂土地基			55	70	80	90	100	110	125	140	150	160
$N_{63.5}$	3	4	5	6	7	8	9	10	11	12	13	14
一般黏性土地基	150	180	210	240	265	290	320	350	375	400	425	450

续表

$N_{63.5}$			5	10	15	20	25	30	35	40	45	50
中砂、粗砂土地基	120	160	200	240	280	320	360	400	440	480	520	560
粉土、粉细砂土地基	75	100	125	150	175	200	225	250				

② 确定黏性土的物理状态

根据表 2-16 确定黏性土的物理状态。

表 2-16 黏性土状态 $N_{63.5}$ 分类

$N_{63.5}$	$N_{63.5}\leqslant 1.5$	$1.5<N_{63.5}\leqslant 3$	$3<N_{63.5}\leqslant 7.5$	$7.5<N_{63.5}\leqslant 10$	$N_{63.5}>10$
状态	流塑	软塑	可塑	硬塑	坚硬

③ 确定无黏性土的密实度

根据表 2-17 确定砂石密实度。

表 2-17 砂石密实度

$N_{63.5}$	密实度
$N_{63.5}\leqslant 5$	松散
$5<N_{63.5}\leqslant 10$	稍密
$10<N_{63.5}\leqslant 20$	中密
$N_{63.5}>20$	密实

注：本表适用于平均粒径等于或小于 50mm，且最大粒径小于 100mm 的碎石土。

根据表 2-18 确定碎石桩密实度。

表 2-18 碎石桩密实度

$N_{63.5}$	$N_{63.5}<4$	$4\leqslant N_{63.5}\leqslant 5$	$5<N_{63.5}\leqslant 7$	$N_{63.5}>7$
密实度	松散	稍密	中密	密实

根据表 2-19 确定碎石土密实度。

表 2-19 碎石土密实度

N_{120}	密实度
$N_{120}\leqslant 3$	松散
$3<N_{120}\leqslant 6$	稍密
$11<N_{120}\leqslant 14$	密实
$N_{120}>14$	很密

三、标准贯入试验

（一） 试验原理

标准贯入试验是动力触探试验的一种，简称标贯。标准贯入试验适用于砂土、粉土和一般黏性土。标准贯入试验的设备应符合表 2-20 的规定。

表 2-20 标准贯入试验设备规格

<table>
<tr><td colspan="2" rowspan="2">落锤</td><td>锤的质量/kg</td><td>63.5</td></tr>
<tr><td>落距/cm</td><td>76</td></tr>
<tr><td rowspan="6">贯入器</td><td rowspan="3">对开管</td><td>长度/mm</td><td>>500</td></tr>
<tr><td>外径/mm</td><td>51</td></tr>
<tr><td>内径/mm</td><td>35</td></tr>
<tr><td rowspan="3">管靴</td><td>长度/mm</td><td>50～76</td></tr>
<tr><td>刃口角度/°</td><td>18～20</td></tr>
<tr><td>刃口单刃厚度/mm</td><td>2.5</td></tr>
<tr><td colspan="2" rowspan="2">钻杆</td><td>直径/mm</td><td>42</td></tr>
<tr><td>相对弯曲</td><td>$<\frac{1}{1000}$</td></tr>
</table>

（二）试验设备

标准贯入试验的设备包括：标准贯入器、触探杆、穿心锤与锤垫，如图 2-18 所示。

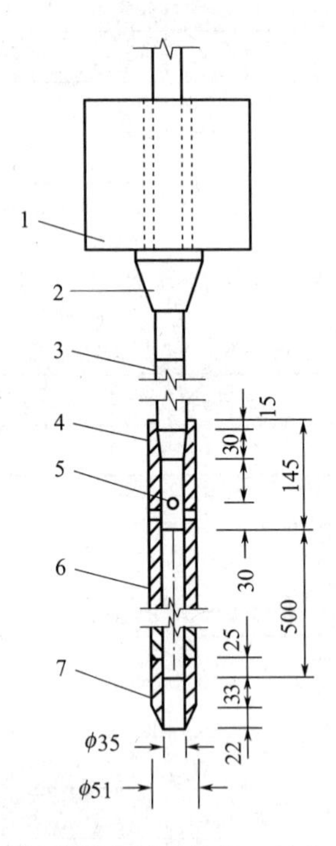

图 2-18 标准贯入试验设备（单位：mm）

1—穿心锤；2—锤垫；3—触探杆；4—贯入器头；5—出水孔；
6—由两半圆形管合成的贯入器身；7—贯入器靴

（三）试验操作要点

（1）标准贯入试验孔采用回转钻进，并保持孔内水位略高于地下水位。当孔壁不稳定时，可用泥浆护壁，钻至试验标高以上 15cm 处，清除孔底残土后再进行试验；

（2）采用自动脱钩的自由落锤法进行锤击，并减小导向杆与锤间的摩阻力，避免锤击时的偏心和侧向晃动，保持贯入器、探杆、导向杆连接后的垂直度。

（四）试验步骤

（1）先将整个杆件系统连同静置于钻杆上端的锤击系统，仪器下到孔底；

（2）将贯入器以每分钟 15～30 击的速度打入土层中 15cm，以后开始记录打入 30cm 的锤击数，即为实测锤击数；

（3）$N>50$ 击，而贯入度未达 30cm 时，可记录 50 击的实际贯入深度，终止试验。按实际 50 击时的贯入度 ΔS（cm），按式(2-29) 计算贯入 30cm 的锤击数。

$$N=30\times\frac{50}{\Delta S} \tag{2-28}$$

（4）绘出击数 N 和贯入深度 H 的关系曲线。

（五）试验成果整理

（1）评价土的强度指标

评定砂土的内摩擦角 φ 及黏性土的不排水抗剪强度 c_u 有多种。

① Terzaghi 和 Peck 提出黏性土不排水抗剪强度 c_u 为：

$$c_u=(6\sim6.5)N \tag{2-29}$$

② 南京水利科学研究院在我国东南沿海诸省的大量工程实践中，统计出标贯击数与无侧限抗压强度 q_u 的关系式有：

对黏土地基 $$q_u=14N+3\ (\text{kPa}) \tag{2-30}$$

对壤土地基 $$q_u=15.3N\ (\text{kPa}) \tag{2-31}$$

（2）评价砂土的相对密度和密实程度

可按照表 2-21 中所示判断砂土的密实程度。

表 2-21 根据 N 值判断砂土的密实程度

<table>
<tr><th colspan="2">紧密程度</th><th>D_r</th><th colspan="6">N</th></tr>
<tr><th rowspan="2">国外</th><th rowspan="2">国内</th><th rowspan="2"></th><th rowspan="2">国际</th><th rowspan="2">南京水科院
江苏水利厅</th><th colspan="3">原水利电力部</th><th rowspan="2">冶金勘察规范</th></tr>
<tr><th>粉砂</th><th>细砂</th><th>中砂</th></tr>
<tr><td>极松</td><td rowspan="2">疏松</td><td rowspan="2">0～0.2</td><td>0～4</td><td rowspan="2"><10</td><td rowspan="2"><4</td><td rowspan="2"><13</td><td rowspan="2"><10</td><td rowspan="2">>10</td></tr>
<tr><td>松</td><td>4～10</td></tr>
<tr><td>稍密</td><td>稍密</td><td>0.2～0.33</td><td>10～15</td><td rowspan="2">10～30</td><td rowspan="2">>4</td><td rowspan="2">13～23</td><td rowspan="2">10～26</td><td>10～15</td></tr>
<tr><td>中密</td><td>中密</td><td>0.33～0.67</td><td>15～30</td><td>15～30</td></tr>
<tr><td>密实</td><td rowspan="2">密实</td><td rowspan="2">0.67～1.0</td><td>30～50</td><td>30～50</td><td rowspan="2"></td><td rowspan="2">>23</td><td rowspan="2">>26</td><td rowspan="2">>30</td></tr>
<tr><td>极密</td><td>>50</td><td>>50</td></tr>
</table>

（3）评定黏性土的稠度状态

根据武汉冶金勘察公司统计结果，可根据表 2-22 判定黏性土的稠度状态。N 与液性指数见表 2-23。

表 2-22 黏性土 N 与稠度状态

N	<2	2~4	4~8	8~15	15~30	>30
稠度状态	极软	软	中等	硬	很硬	坚硬
q_u/kPa	<25	25~50	50~100	100~200	200~400	>400

表 2-23 N 与液性指数

N	<2	2~4	4~7	7~18	18~35	>35
I_L	>1	1~0.75	0.75~0.5	0.5~0.25	0.25~0	<0
稠度状态	极软	软	中等	硬	很硬	坚硬

（4）评定地基土的承载力

根据表 2-24 和表 2-25 确定砂性土和黏性土承载力标准值。

表 2-24 根据 N 确定砂性土承载力标准值

N		10	15	30	50
f_k/kPa	中、粗砂	180	250	340	500
	粉、细砂	140	180	250	340

表 2-25 根据 N 确定黏性土承载力标准值

N	5	7	9	11	13	15	17	19	21
f_k/kPa	145	190	235	280	325	370	430	515	600

四、波速试验

地基土的动力特性是指地基土在各种动力荷载作用下所表现出的工程性状。

波速测试试验适用于测定各类岩土体的压缩波、剪切波或瑞利波的波速，可根据任务要求，采用单孔法、跨孔法或面波法。

单孔法波速测试的技术要求应符合下列规定：测试孔应垂直；将三分量检波器固定在孔内预定深度处，并紧贴孔壁；可采用地面激振或孔内激振；应结合土层布置测点，测点的垂直间距宜取 1～3m。层位变化处加密，并宜自下而上逐点测试。

跨孔法波速测试的技术要求应符合下列规定：振源孔和测试孔应布置在一条直线上；测试孔的孔距在土层中宜取 2～5m，在岩层中宜取 8～15m，测点垂直间距宜取 1～2m；近地表测点宜布置在 0.4 倍孔距的深度处，振源和检波器应置于同一地层的相同标高处；当测试深度大于 15m 时，应进行激振孔和测试孔倾斜度和倾斜方位的量测，测点间距宜取 1m。

面波法波速测试可采用瞬态法或稳态法，宜采用低频检波器，道间距可根据场地条件通过试验确定。波速测试成果分析应包括下列内容：在波形记录上识别压缩波和剪切波的初至时间；计算由振源到达测点的距离；根据波的传播时间和距离确定波速；计算岩土小应变的动弹性模量、动剪切模量和动泊松比。

（一）跨孔法

1. 试验原理

跨孔法波速测试中需要将振源、检波器放在不同钻孔中的同一高程位置上，根据孔水平间距和波传播历时，即可求出相应波速。

跨孔法波速测试可应用于各种地层，在地下水上或地下水下均可以使用。当钻孔间距适当时，跨孔法波速测试可测定地层中低速软弱夹层的剪切波速值。跨孔法测试深度较大，受外界影响较小，设备原理简单，测试结果可靠，在国内外得到广泛应用。

2. 试验仪器设备

跨孔法波速测试试验主要设备包括振源、接收器、放大器、记录器等。

（1）振源

振源包括两种：爆炸振源和机械振源。试验大多采用机械振源。机械振源主要通过机械振动（锤击等）产生剪切波。井下剪切波锤是一种常用的机械振源，结构简图见图 2-19，它适用于各类土层。测试时，把该装置放到钻孔某一深度处，通过地面的液压装置将 4 个活塞推出，使筒体贴井壁，然后向上拉连接在锤顶部的钢丝绳，使活动重锤向上冲击固定筒体，产生剪切振动。完成一个测点的测试后，可以通过地面的液压装置将 4 个活塞缩回，再放到另一个深度测点，继续测试。

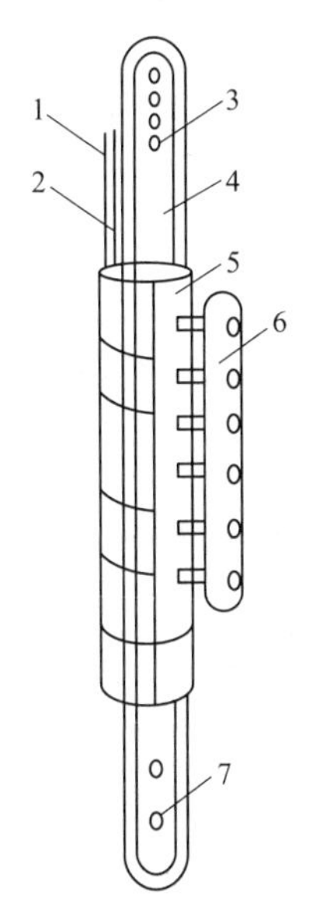

图 2-19 井下剪切波锤结构简图

1—扩张液管；2—收缩液管；3—上部活动质量块；4—活动滑杆；5—井下锤固定装置；6—井下锤扩张板；7—下部活动质量块

（2）接收器

接收器既能观察到垂直振动分量，又能观察到水平振动分量，以便更好地识别剪切波到达的时刻。

（3）放大器

跨孔法波速测试可以采用普通多通道放大器。各通道必须有较一致的相位特性，并配有可调节的增益装置。

(4) 记录器

跨孔法波速测试所用的记录器要求具有 0.2ms 的记录、扫描能力，其扫描速度可以调节，以便波形的识别。

3. 试验步骤

(1) 钻孔成孔。

(2) 若采用一次成孔测试法，则在钻孔数量、深度、孔径和孔距设计好后，将所有钻孔一次性钻完，然后将套管下至距孔底 2m 处，然后灌浆，待浆液灌完后，可进行测试。

(3) 若采用分段钻进分段测试法，则用三台钻机同时钻进，当钻至预定深度后提出钻具，同时将检波器放入孔底同一标高，用重锤敲击取土器产生剪切波。

(4) 重复步骤 (2)～(3) 直至测试深度。

4. 试验成果整理

(1) 波形记录的现场识别

波形识别是跨孔法波速测试的重要工作。跨孔法波速测试中所记录的波动信号曲线主要由体波组成。一般包括三个阶段：第一阶段是从零时开始至直达波到达，其信号除受外部干扰外基本为一条直线的平稳段；第二阶段从波的第一个初至起至第二个初至止，此段属于 P 波段，振幅小，频率高；第三阶段是以 S 波为主的部分，振幅大，频率低。

(2) 波形的室内判读

判读 P 波初至时间和第一个 S 波到达时间。

(3) 数据处理

根据振源孔和测试孔之间的距离，计算直达波的传播距离，并求出 P 波和 S 波的波速，即

$$v_p = \frac{L}{t_p}$$
$$v_s = \frac{L}{t_s} \tag{2-32}$$

式中 v_p、v_s——分别为 P 波和 S 波的波速，m/s；

L——直达波的传播距离，m；

t_p、t_s——分别为 P 波和 S 波的传播时间，s。

(二) 单孔法

1. 试验原理

单孔法如图 2-20 所示。单孔法是在孔口地面设置振源，在唯一的一个钻孔中，在需要探测的深度处放置拾振器，主要检测水平的剪切波（SH 波）和压缩波（P 波）的波速。

单孔法波速测试：由振源产生压缩波（又称 P 波）和剪切波（又称 SH 波），经过土层的传播，由在孔中的三分量检波器接收地震波，根据波传播的距离和时间计算出场地土的波速，进而评价场地土的工程性质。因为剪切波速具有比较显著的反映介质弹性的特点，因此，剪切波速测井被广泛应用到工程勘察和建设的各个方面。

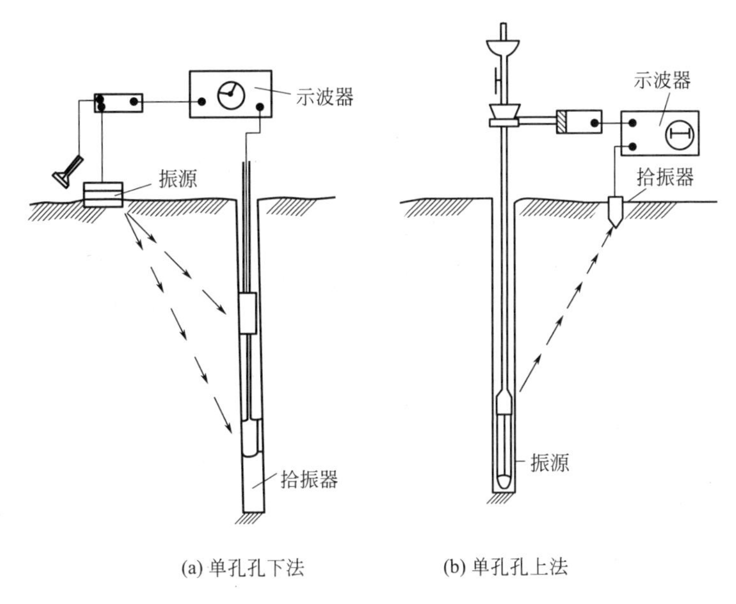

图 2-20 单孔法波速测试示意图

2. 试验设备

测井设备主要有四大部分：

（1）钻孔：用机械设备打出测试钻孔，在一些特殊地区使用套管护壁（套管必须与孔壁紧密接触）。

（2）振源部分：采用大锤敲击振源板的两端，振源板上压有 500kg 以上重物，并与地面紧密接触，在振源板两端进行正反向激震，激发 SH 波信号时，通过地层传到测井传感器。

人工激发是一种最简单的方法，应用也最普遍。常用的振源激发装置是尺寸为 2500mm×300mm×50mm 的木板，木板的中垂线应对准测试孔中心。孔口与木板的距离宜为 1～3m，其上放置 400kg 的重物（图 2-21）。当用锤水平敲击木板端部时，木板与地面摩擦而产生水平剪切波。将检波器用扩展装置固定在孔内的不同深度处以接收剪切波。测试应自下而上进行。在每一个试验深度上，应重复试验多次。

应该说，激震板越长，剪切波的频率越低；压重越重，剪切波的能量越大。

（3）弹性波接收装置包括检波器、放大器及记录显示器。

波速法测试时，无论选择什么样的振源，一般都会产生复合波，这就要求接收器既能记录到竖直振动分量，同时又能记录到两个水平方向的振动分量，以便更好地识别到剪切波到达的时刻。所以，一般采用三分量检波器。

（4）井中三分量拾振器的探头（传感器、井下摆），把探头调下至预定测试的土层位置，利用气囊或压板使探头紧贴井壁，地震信号可通过拾振器的机电转换，把振动变成电讯号，经过电缆传送到地面的测井仪。这种检波器自振频率较高，对方向不敏感，即使埋置倾斜，也能有效地进行波动测试。充填壁式井中分量检波器见图 2-22。

（5）工程测井仪：能够把电讯号记录并保存的数字测井设备。

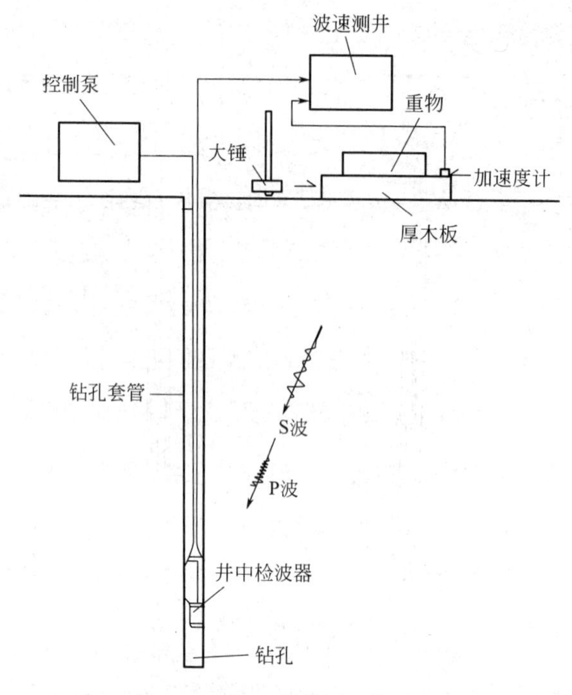

图 2-21　波速测井原理构造图

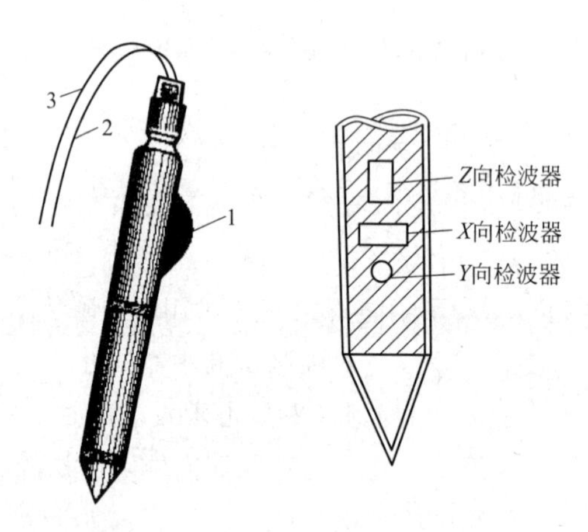

图 2-22　充填壁式井中分量检波器

1—橡皮囊；2—充（放）气管；3—信号线

3. 试验步骤

（1）现场布置

在指定测试点打钻孔，垂直度要求与一般的勘探孔一样。离开孔口 1～1.5m 布置激震装置。如孔内检波器没有在孔壁上固定的装置，则需要钻机协助；否则除非钻孔可能塌孔，在声波测试前可把钻机移走。

（2）孔内测点布置原则

一般应结合土层的实际情况布置测点，测点在垂直方向上的间距宜取 1～3m，层位变化处加密。具体布置遵循以下原则：

① 每一土层都应有测点，每个测点宜设在接近每一土层的顶部或底部处，尤其对于薄土层，更不能将测点设在土层的中点。

② 若土层小于 1m，可忽略；若大于 4m，需增加测点，通常可以每间隔 1～2m 设置一个测点。

③ 测点设置必须考虑土性特点。若土层相对均匀，可考虑等间隔布置；否则，只能根据土层条件按不等间隔布置。

（3）测试步骤

① 放置检波器。向孔内放置三分量检波器，在预定深度固定于孔壁上，并紧贴孔壁。

检波器贴壁的效果将直接影响到信号接收效果。按照检波器贴壁方法的不同，可以将检波器分为充填式、弹跳式和磁吸式 3 种。充填式是通过检波器上安装的气囊充气膨胀后将检波器固定在钻孔中，缺点是测试时如果不注意充气压力的大小，气囊很容易胀坏，另外也容易被一些坚硬的物体刺破；弹跳式是通过机械弹力将检波器贴在孔壁；而磁吸式则是通过磁力将其吸附在孔壁。

② 布置测点。根据最小测试深度 h_1，测点间隔 dh 和测点个数 n，可确定各测点的坐标为

$$h_i = h_1 + (i-1)dh \quad (i=1,2,3) \tag{2-33}$$

③ 激发。一般采用地面激震，距孔口为 d_x 处埋设一厚木板，用大锤分别锤击木板的两端，产生正、反向的剪切波。

④ 接收。采用三分量检波器，在钻孔的不同深度 h_i 处分别记录正反向剪切波的波形，检查记录波形的完整性及可判读性。

⑤ 如发现接收仪记录的波形不完整，或无法判读，则需重做，直至正常为止。

4. 试验数据处理

（1）波形判别

这里仅阐述剪切波到达时间的判断方法。

在测试岩土体剪切波速时，波形判别的目的是要确定剪切波到达的正确位置。由于外界干扰以及敲击时在激震板内产生的压缩波向地下折射，实际得到的波形记录往往是剪切波和压缩波复合在一起的记录，这就给剪切波的鉴别带来了很大困难。

但是，我们可以根据剪切波和压缩波的不同特点把它们区分出来。区分的标志：

① 波速不同。压缩波速度快，剪切波速度慢。因此，压缩波先到达，剪切波后到达。

② 波形特征不同。压缩波传递的能量小，因此波峰小；剪切波传递的能量大，因此波峰大。

③ 频率不一致。当剪切波到达时，波形曲线上会有个突变，以后过渡到剪切波波形。

压缩波记录的长度取决于测点深度。测点越深，离开振源越远，压缩波的记录长度就越长。图 2-23(b) 中波形是在离孔口 5m 深处记录所得，其压缩波记录长度要短得多。如在孔口记录，波形中就不会出现压缩波。当测点深度大于 20m 或更深时，由于压缩波能量小，衰减较快，一般放大器有时候测不到压缩波波形，记录下来的波形图只有剪切波，这样就更容易鉴别了。

（2）资料整理与应用

① 参照以上波形判别方法，在波形记录上识别压缩波和剪切波的初至时间。

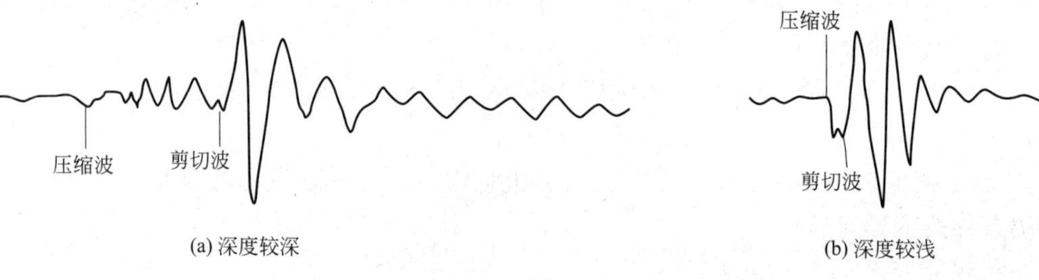

(a) 深度较深　　(b) 深度较浅

图 2-23　波形图

对于单孔法，确定压缩波的时间应当采用垂直向传感器记录的时间，确定剪切波的时间应当采用水平向传感器记录的时间；对于跨孔法，确定压缩波的时间应当采用水平向传感器记录的时间，确定剪切波的时间应当采用垂直向传感器记录的时间。

② 根据波的传播时间，利用公式(2-35) 确定各土层波速。

$$V_{si}=\frac{h_i-h_{i-1}}{t_i\cos\theta_i-\sum_{j=1}^{i-1}\frac{h_j-h_{j-1}}{V_{si}}} \tag{2-34}$$

③ 根据各层 V_{sj}、ρ_j 或 γ_j 计算剪切模量 G_j（j 为土层序号）：

$$G_j=\frac{\rho}{V_{sj}^2}=\frac{\gamma_j}{gV_{sj}^2} \tag{2-35}$$

式中，g 为重力加速度，$g=0.00981\mathrm{km/s^2}$

④ 计算场地土层平均剪切模量（20m 内，但不超过土层覆盖层厚度 d_{ov}）。

$$\overline{G}=\frac{\sum\Delta h_jG_j}{\sum\Delta h_j} \tag{2-36}$$

⑤ 确定场地覆盖层厚度 d_{ov}（$V_{sj}\geqslant 500\mathrm{m/s}$）。

⑥ 计算场地土层平均剪切波速 V_{sm}（15m 内，但不超过覆盖层厚度 d_{ov}）。

$$V_{sm}=\frac{\sum\Delta h_jV_{sj}}{\sum\Delta h_j} \tag{2-37}$$

⑦ 计算场地的卓越周期 T（覆盖层厚度 d_{ov}内）。

$$T=4\sum\frac{\Delta h_j}{V_{sj}} \tag{2-38}$$

⑧ 计算场地指数

a. 刚度指数

$$\mu_G=1-e^{-6.6(\overline{G}-30)\times10^{-3}}\text{，当 }\overline{G}>30\mathrm{MPa} \tag{2-39}$$

$$\mu_G=0\text{，当 }\overline{G}\leqslant 30\mathrm{MPa} \tag{2-40}$$

b. 厚度指数

$$\mu_d=e^{-0.8(d_{ov}-5)\times10^{-3}}\text{，当 }d_{ov}\leqslant 80\mathrm{m} \tag{2-41}$$

$$\mu_d=0\text{，当 }d_{ov}>80\mathrm{m} \tag{2-42}$$

c. 场地指数

$$\mu=0.7\mu_G+0.3\mu_d\text{，当 }\overline{G}\leqslant 500\mathrm{MPa}\text{ 或 }d_{ov}>5\mathrm{m} \tag{2-43}$$

$$\mu=1\text{，当 }\overline{G}>500\mathrm{MPa}\text{ 或 }d_{ov}\leqslant 5\mathrm{m} \tag{2-44}$$

⑨ 液化判别（如果15m内的土层有饱和粉土或砂土）。

用剪切波速临界值判别：

$$砂土：V_{scr}=k\sqrt{d_s-0.01d_s^2} \tag{2-45}$$

$$粉土：V_{scr}=k\sqrt{d_s-0.0133d_s^2} \tag{2-46}$$

判别准则：若$V_{sj}>V_{scr}$，则可不考虑液化；否则，土层可能液化。d_s为砂土层或粉土层中剪切波测试点深度（m）；k为计算系数，按表2-26取值。

表2-26　系数 k 取值

土类＼抗震设防烈度	7	8	9
饱和砂土	92	130	184
饱和粉土	42	60	84

⑩ 波速测试最终成果

最终成果以表格和曲线的形式表达出来。

参 考 文 献

[1] GB/T 50123—1999. 土工试验方法标准.

[2] GB 50021—2001（2009年版）岩土工程勘察规范.

[3] 王清. 土体原位测试与工程勘察. 北京：地质出版社，2006.

[4] 唐大雄，刘佑荣等. 工程岩土学. 第2版. 北京：地质出版社，1999.

[5] 王常明. 土力学. 长春：吉林大学出版社，2006.

[6] 罗筠. 工程岩土. 北京：高等教育出版社，2012.

[7] 高向阳. 土工试验原理与操作. 北京：北京大学出版社，2013.

[8] 袁聚云. 土工试验与原位测试——土木工程系列丛书. 上海：统计大学出版社，2004.

[9] 赵秀玲. 土工试验指导. 北京：黄河水利出版社，2010.

[10] 徐超. 岩土工程原味测试. 上海：统计大学出版社，2005.

[11] 徐金刚，刘绍锋，朱耀耀. 简明土木工程系列专辑——岩土工程实用原位测试技术. 北京：水利水电出版社，2007.

[12] 刘国华. 地基与基础. 第2版. 北京：化学工业出版社，2016.

[13] 谷端伟，原俊红. 土工试验教程. 北京：人民交通出版社，2014.

[14] 罗相杰、宋勇军土. 土工试验. 北京：北京理工大学出版社，2012.

[15] 袁聚云. 土工试验指导书. 北京：人民交通出版社，2015.

[16] 谷端伟、原俊红. 土工试验教程. 北京：人民交通出版社，2014.